情绪按钮

停止焦虑、摆脱负面情绪的21种方法

[美] 达蒙·扎哈里亚德斯（Damon Zahariades） 著

潘苏悦 译

The Art of Letting GO

How to Let Go of the Past, Look Forward to the Future, and Finally Enjoy the Emotional Freedom You Deserve!

机械工业出版社
CHINA MACHINE PRESS

你还在和愤怒、后悔和怨恨苦苦缠斗吗？痛苦的记忆有没有让你在情绪上精疲力竭、压力重重和心灰意冷？你是否还放不下让你不快的事情？如果你厌倦了这些无休止的负面情绪，那么是时候做出积极且有益的改变了。

本书提供了一个切实可行的蓝图，能让你克服阻碍前进的心理和情绪障碍。书中通过 21 种实用有效的心理策略帮助你对抗内心中的消极思想并释放消极情绪，每种策略都配有相应的练习。

采取这套策略方法将帮助你最终体会到你应该享有的情绪自由，迎接幸福美好的人生。

图书在版编目（CIP）数据

情绪按钮：停止焦虑、摆脱负面情绪的21种方法 /（美）达蒙·扎哈里亚德斯（Damon Zahariades）著；潘苏悦译. —北京：机械工业出版社，2023.9

书名原文：The Art of Letting GO: How to Let Go of the Past, Look Forward to the Future, and Finally Enjoy the Emotional Freedom You Deserve!

ISBN 978-7-111-73919-7

Ⅰ. ①情… Ⅱ. ①达… ②潘… Ⅲ. ①情绪 – 自我控制 – 通俗读物 Ⅳ. ①B842.6-49

中国国家版本馆CIP数据核字（2023）第179130号

机械工业出版社（北京市百万庄大街22号　邮政编码100037）

策划编辑：刘怡丹　　责任编辑：刘怡丹

责任校对：丁梦卓　陈　越　　责任印制：单爱军

北京联兴盛业印刷股份有限公司印刷

2023年12月第1版第1次印刷

145mm × 210mm · 6.25印张 · 90千字

标准书号：ISBN 978-7-111-73919-7

定价：55.00元

电话服务

客服电话：010-88361066

010-88379833

010-68326294

网络服务

机　工　官　网：www. cmpbook. com

机　工　官　博：weibo. com/cmp1952

金　　书　　网：www. golden-book. com

机工教育服务网：www. cmpedu. com

封底无防伪标均为盗版

关于“放下”的名言

有人认为坚持会让我们变得更强大，但有时“放下”也有同样的效果。

——赫尔曼·黑塞

事实是，除非你“放下”，原谅自己、原谅情势，并认识到事情已经过去，否则你无法前行。

——史蒂夫·马拉波利

生活一直在前行，我们也应如此。

——斯宾塞·约翰逊

序　言

我们大多数人都背负着消极的想法和情绪。其中一些源于失去至亲的痛苦记忆，另一些则来自期望不切实际和梦想化为泡影带来的难忍的失望。还有一些源自每天折磨我们的压力和危机引起的愤怒、怨恨和挫败感。

只要我们带着这些消极的想法和情绪，它们就会影响我们的处世态度、健康状况和人际关系，也会妨碍我们把工作做到最好，让我们无法充分利用时间和注意力资源。

它们是我们内心的屏障，扭曲我们的视角，降低我们的效率，最终降低我们的生活质量。

一旦我们让自己从挫败感、后悔和痛苦的记忆中解脱出来，我们就能体验到情绪自由。这种状态会提升我们在行为、决策和自我意识等各方面的水平，增进我们与至亲、朋友、邻居和同事之间的关系，提高我们的工作质量，增强完成工作后的满足感。

一旦放下悲观的失败主义情绪，它就再也无法阻碍我们前进了，我们就可以专注于对我们而言真正重要的事情。

但是，我们究竟该如何“放下”呢？

很多时候，“放下”是一个过于简单化的没用的口号，它倡导在没有压力的情况下快乐地生活。这种口号就好比告诉一个压力重重的人“别担心了”一样毫无益处。

在本书中，我们将一同经历一个循序渐进的训练过程，继而学会“放下”。你将学会采用一种“无执”的心态。“无执”这一概念通常被理解为放弃物质财富，但这不是我们的重点所在。相反，我们追求“无执”是因为它与我们脑海中挥之不去的不满、痛苦和其他心理负担有关。我将分享多个这些年来对我行之有效的方法和技巧。每个方法和技巧都附有一个简单的练习，强化你的“无执”心态。

另一个重要的问题是：我们怎样才能知道自己正陷于消极的想法和情绪中呢？

有时，消极想法和情绪和我们共存太久了，它们和我们融为了一体。从这点来说，我们极难识别出它们。我们相信自己已经摆脱了愤怒、后悔和痛苦的情绪。但相反，它们却埋藏在我们内心深处，成为我们心灵景观中看不到的一部分。

在接下来的章节中，我们会解决这个问题。你将学会如何知道自己正陷于消极想法和情绪中。你会了解如何快速识别出它们，无论它们在你的思维模式、处世态度和世界观中藏得多深。一旦做到这一步，你就可以使用我们介绍的技巧来摆脱它们。

这本书提供的不是深思熟虑的讨论，而是切实可行的蓝图，能让你克服目前阻碍你前进的心理和情绪障碍。我们将专注于那些能够快速产生可靠结果的技巧和方法。

我真诚地希望这本书能提供你所需的工具，帮助你最终学会“放下”，体会到“无执”心态所带来的心理、情感、身体甚至心灵的自由。

达蒙·扎哈里亚德斯

你将从这本书中学到什么

这本书相当于一门自成体系的课程，一部分是教程，另一部分是个人工作坊内容。它将带着你采用“无执”的心态，一步步走完实现情绪自由的整个过程。

许多书通过深入研究心理学来阐述这个话题。这是个好方法，我也确信这对某一特定类型的读者来说是有益的。而这本书采用的方法有所不同。我们从实用的角度选取材料，确保它易于理解并且可以立即付诸行动。

因为涵盖的内容很多，所以有必要先对全书进行总体的介绍。本书各部分内容如下：

- **第一部分**

在我们真正放下那些压在我们身上的负面情绪、痛苦记忆、挫败感和后悔之前，我们需要打好基础。

本书的第一部分："放下"的好处，它能让你建立起这个基础。

我们会讨论"放下"到底意味着什么，也会研究哪些迹象表明我们正抓着伤害情绪健康的东西不放。我们会仔细探究放下后悔、愤怒和痛苦，代之以自我关怀和自我共情的好处。我们还会研究最常见的人们难以放下之事，即使知道会为之付出情绪代价。

最后，我们将探讨我们的头脑是如何抗拒且阻碍我们"放下"的。

• 第二部分

"放下"并不容易。如果轻而易举就能做到"放下"，那这本书就没有存在的必要了。不幸的是，我们大多数人都在与多年以来形成的条件反射做斗争，这些条件反射会"训练"我们抓住一些事情不放。

本书的第二部分将探寻难以"放下"的常见原因，并仔细研究这种条件反射中最重要的元素，点破它们，这样我们就能充分理解为什么我们对过去和现在的事情难以释怀。

理解我们为什么难以释怀是转变思维的必要步骤，也是渐渐接受“无执”心态的过程中至关重要的一步。

- **第三部分**

在本书中，你会学到一些技巧，帮助你“放下”目前阻碍你前进的消极想法和负面情绪等。本书的第三部分介绍了 21 个方法，让你“放下”过去，继续前行，还包括了几十种你可以立即使用的工具。

这一部分都是实用且立即可行的工具、技巧和建议。每个小节都很简短、易懂且操作性强。

你一定想很快读完这本书，毕竟，它的适用性很强，而且有望快速见效。但我还是建议你循序渐进，每读完一个技巧都给自己足够的时间充分消化吸收。根据我的经验，这是对抗先入为主的思维模式，代之以一种更健康的思维模式的最有效途径。

• 前路漫漫

如你所见，我们有很多内容要探讨。不过别担心，这本书的每一节都写得很紧凑。每小节的进展都很快，也会在尽可能短的时间内提供核心建议。

请允许我提一个建议：请花时间完成第三部分的练习。每个练习都是为了巩固对应的小节中介绍和讨论的理念而设计的。

这些练习都很简单，不会花很长时间，大部分都可以在 20 分钟以内完成。最重要的是，练习让你有机会应用书里的技巧，而不仅仅局限于阅读文字。最终，这些练习将助你从本书中获得最大的价值。

如果你已经准备好“放下”后悔、愤恨、积怨和内疚，追求真正的精神和情绪自由，那就让我们一起卷起袖子，迈出步子吧。

目　录

第三部分
21 个方法让你“放下”过去，继续前行

第一部分

“放下”的好处

PART I

生活中总会有令我们后悔的事情。我们会犯错，会做出糟糕的决定。我们会因为这些而遭受重大损失，并认为其中许多是可以避免的。

后悔并非毫无价值，它的价值在于让我们吸取教训，避免再犯同样的错误或再做同样糟糕的决定。可是，如果我们允许后悔发酵，一遍又一遍地重温我们过去的错误和选择，它就会成为一种情绪障碍。我们最终会在头脑中形成一种错误的叙事。这种叙事试图让我们相信自己没有能力做出正确的决定，所以不配得到所渴望的东西。

这时，我们会陷入困境，会感到失望、挫败、焦虑。最糟糕的是，我们会觉得陷入这种困境完全是自己的错，觉得自己没有能力做出积极的改变，感到无可奈何。

“放下”的好处是，我们可以摆脱这些情绪，找回自身的能动性，最终从不必要的内疚和自责中解脱出来，去追寻我们的爱好和愿望。我们可以向前迈进，期待美好的事情会发生在我们身上。重要的是，在很大程度上，结果由我们说了算。

当然，摆脱挫败、失望、焦虑和自责的感觉说起来容易，做起来难。这些情绪通常深植于以下五个生活领域：

1. 我们的人际关系（与家人、朋友和另一半的关系）；

2. 我们的健康状况（生理健康和心理健康）；

3. 我们的个人成长（教育成长、情感成长和心灵成长）；

4. 我们的职业或创业生涯；

5. 财务问题。

在接下来的内容中，我们将为采用“无执”理念做好准备。这种不同于以往的心态对上述各个方面都会产生积极影响。你将学会如何确切地知道什么时候该“放下”一些东西，为什么应该立即这么做，并体验到这么做的好处。

放弃和放下之间，有着云泥之别。

——杰西卡·哈奇根

“放下”意味着什么

我们会抓住一些东西不放，因为它们对我们而言很重要。当相关境遇发生变化时，我们很难做出调整。从情感上讲，我们无法接受新的境遇。

假设你在职场的一些行为导致你丢了工作。如果工作是你身份认知的一部分，那么你可能很难接受被解雇的事实。如果你后悔自己当初做的一些事情，你为此感到愤怒、失望甚至自责，那么这都是可以理解的。

或者想象一下，你和你的另一半决定离婚。如果你把婚姻看得很重要，那么婚姻破裂可能会让你难以接受。同样，愤怒、失望和后悔的情绪很可能又会浮现。只要它们挥之不去，你的心态就很难调整。

理想情况下，我们能够面对这些负面情绪，用健康的方式管理它们，并最终释怀，继续生活下去。例如，我们会找到一份新工作，或者会遇到另一个对我们来说很重要的人。

然而，我们常常在情感上执着于过去的境遇，拒绝向前迈进，因为我们觉得我们还有力回天，能让一切重新开始。这就是心理学中悲伤五阶段的“讨价还价”阶段。这很正常，但会给我们一种虚妄的控制感，不利于我们继续前行。

“放下”始于接受我们的新境遇。我们会拥抱现实，而不是执着于拼命想要找回过去。我们会承诺不再沉湎于过去，能够把自己从那些几乎已无法改变的境遇中抽离出来。

例如，我们接受了因为自己的行为而失去工作的事实，我们开始正视自己的婚姻已经结束的事实。重要的是，我们会认识到自己无力改变这些事情，会从悲伤五阶段的“讨价还价”阶段过渡到“接受”阶段，不再认为这些事情对我们来说似乎是错误的。在这个阶段，后悔和失望带来的痛苦终会消散。

“放下”不意味着什么

“放下”有时会被误解为对情绪不适的逃避，即与其应对消极的想法和情绪，不如直接抛弃它们的心态。这种逃避是一种危险且不健康的心态，因为它会让我们始终处于冷漠的状态，最终变得漠不关心甚至麻木不仁。

我们的出发点是保护自己免受压力、悲伤和情绪痛苦。不幸的是，这种逃避的心态弊大于利。我们最终会放弃承认这些合理的情绪和明智地处理它们的机会。

“放下”的正确方式包括承认我们的消极想法和情绪，确认它们为什么会出现，从悲伤五阶段中的“否认”和“讨价还价”阶段过渡到“接受”阶段。在这个过程中，会产生以下两大效果。

首先，我们的情绪复原能力会得到发展。我们能学会管理自己的情绪，而不是压抑和逃避它们。

其次，我们会采取一种不执着于过去的心态，承认自己的情绪，审视它们，最终允许自己“放下”，接受新境遇。我们能认识到执着于过去对身心无益，也能学会解决情绪不适的方法，而不是直接将它们拒之门外。

如果我们真的想放下痛苦记忆、后悔、挫败感和各种苦恼，就必须直面这些情绪。我会在第三部分和你分享一些实用的技巧。

有些人认为，坚持不懈、永不低头是强大力量的标志。然而，有时我们需要更大的力量才能知道什么时候该放下，然后付诸行动。

——安·兰德斯

什么时候应该“放下”

我们的头脑拥有隐藏情绪状态的能力，这既是优点也是缺点。一开始，这种能力是一种保护。如果我们没有意识到自己的情绪状态，就可以逃避焦虑和挫败的感觉，可以保住我们的自我意象。

不幸的是，这种逃避会迅速使我们的情绪状态恶化。如果我们始终意识不到自己的感受，就无法面对给我们带来压力和痛苦的消极想法。如果我们不去直面它们，就无法妥善管理它们。

因此，当负面情绪和导致它们产生的境遇阻碍我们前进的时候，我们要能识别出来，这非常重要。只有这样，我们才能用健康的方式处理它们，并最终释怀。

考虑到这一点，这里为你列出一些迹象，它们表明你正执着于对你的心境有负面影响的东西。如果你符合其中任何一项，研究一下为什么会这样，这很重要。问问你自己：“我执着于什么，导致我有这种感觉？”

你总是感到挫败

这种挫败感可能并不明显。它可能是一股暗流，整天都在你人前的伪装下涌动。

挫败感通常源于无助感，即你觉得无法改变困扰你的境遇。这种无助感会引起一系列令人不安的情绪，例如，内疚、焦虑和悲伤。

你总是为某个特定事件苦恼

回望过去，重温（最近或很久以前的）有重要意义的记忆是一回事，沉溺于给我们带来情绪痛苦和忧愁的特定记忆完全是另一回事。这些痛苦的回忆包括失业、离婚或做出令人后悔的决定。

我们的过去造就了我们的身份，可以为我们看待现状提供更广阔的视野，也可以成为帮助我们解决问题和管理情绪的工具。

但有时我们会盯着一件不愉快的事情不放，这会让我们感到痛苦。有些讽刺的是，这种痛苦会让我们对那件事情更加难以释怀，我们的注意力最终会被那件事情的特定记忆牵着鼻子走。

你发现自己沉浸在自怨自艾中

自怨自艾可能来自各种内部和外部因素。例如，关系恶化、老板的不公对待、让我们感到受伤害的事情或似乎永远无法实现的目标。

和挫败感一样，当我们认为自己无法掌控或影响某个特定情况时，就会产生自怨自艾的情绪。因为我们觉得自己缺乏能动性，所以会为自己感到难过。

尽管有证据表明某个决定或行为是不明智的，你仍然为其辩解

我们放不下导致负面情绪与日俱增的事情，表现方式之一就是为我们的决定和行为辩解，即使这些决定和行为被证明是鲁莽或不明智的。

例如，尽管“挽救回来”的关系让我们痛苦万分，我们可能还是会捍卫自己继续与出轨的另一半维持婚姻的决定；尽管我们现在感到羞愧和窘迫，我们可能还是会找理由原谅侮辱我们的人。

我们之所以努力为自己的决定和行为辩解，是因为想维护自尊。这是个明确的信号，表明我们应该围绕那些放不下的事情，对自己的情绪进行评估。

你感到情绪枯竭

我们很难察觉和评估情绪枯竭，因为它是慢慢发生的。正因为它是一点点加剧的，我们往往会忽视它，不管它。

这就像温水煮青蛙一样。如果水温是缓缓上升到沸点，青蛙就察觉不到危险。它会一直待在锅里，直至死亡。

情绪枯竭经常被错误地归咎于我们生活或工作中的日常压力。例如，日常通勤或照顾一个耍脾气的孩子。实际上，它往往源于我们因为放不下过往境遇而产生的压力、焦虑和后悔。

你已经不记得上次感到快乐是什么时候了

长期郁郁寡欢并非源于日常生活中的压力。虽然沉迷于社交媒体、不断买入物质商品、缺乏社交都可能催生不悦情绪，但这些不太可能导致长期郁郁寡欢。

如果你不记得上次感到快乐是什么时候了，你可能沉浸在痛苦的记忆或深深的失落中，也可能还在为错误的期望下做出的重大决定后悔。它们会吞噬你的注意力，以至于你感受不到日常生活中通常可以体验到的小快乐。

如果不去应对这种情绪，放任它继续下去，可能会导致抑郁，引发情感隔离和社会隔离。

当你发现这些迹象时该怎么做

审视一下为什么会出现上述负面情绪和感觉，这么做很重要，而且越早做越好。如果不去审视它们，它们就会继续扩散，让你无法享受情绪自由。

在第三部分，我们将探讨大量能帮助你体验情绪自由的技巧。但在接下来的几小节中，我们还有一些内容要讲，以便为使用这些技巧打下可靠的基础。

给自己机会“放下”所有的紧张情绪，身体就会本能地开始自愈。

——释一行禅师

应该学着“放下”的10个理由

如果你“放下”，并抱着“无执”的心态，就会体验到情绪自由。但让我们更深入一些，来盘点一下你能从中享受到的所有好处，这样你就能充分认识到哪些是真正利害攸关的东西。

1. 个人有所成长

我们专注于某件事时，会将注意力资源投入其中。如果我们专注于过去（或现在）那些带来痛苦、愤怒或失望的事情，注意力资源会被它们独占。

如果能够放下痛苦或不愉快的记忆，我们就释放了这些资源，继而就可以利用它们使自己在各方面得以提升。

2. 心理更健康

执着于痛苦的记忆会给我们的自信心、自尊心和心理适应力带来巨大压力。它会逐渐拖垮我们，甚至会导致抑郁。

如果我们放下痛苦记忆，这种精神压力就会消散。这样一来，我们的自信心和自尊心就能增强，对生活压力的适应能力也能逐渐恢复。

3. 身体更健康

对过去发生的令人后悔的事情、做出的判断，乃至个人恩怨耿耿于怀也会给我们的身体带来巨大的压力。这会让我们压力更大，血压升高，甚至会损害睡眠质量。

如果我们从过去解脱出来，这种生理上的压力就能得到缓解，身体也就能保持健康，免受不必要的压力困扰。

4. 人际关系更好

如果我们沉浸在痛苦的记忆中，就很难拥有健康的人际关系。我们欣赏自己和他人的能力都会因此而丧失。如前文所述，我们的注意力资源会被那些给我们带来痛苦的东西所独占。

“放下”能让我们专注于关心自己和他人。我们会变得更有感情，这有助于我们的各种人际关系发展。

5. 不再那么专注于取悦他人

我们经历精神上的痛苦往往是因为我们的决定和行为得罪了别人。这些决定和行为可能引起了个人恩怨，让别人怒火中烧，心生怨恨之情。

如果我们放下过去，就能允许自己不再专注于取悦他人。相反，我们可以聚焦于在优先考虑自身需求的基础上做出决定，并充分利用我们手中的资源。

6. 勇气更足

我们越纠结于令人后悔的决定和行为，就越担心重蹈覆辙。这种担心会发展到让我们甚至无法做出小决定或向前迈出一小步的地步。

如果我们不再被过去的错误所困扰，就可以开始合理地评估它们引发的后果。大多情况下，这些后果远没有我们想象的那么严重。认识到这个事实，未来我们就能有勇气采取行动。

7. 适应能力更强

如果我们执着于痛苦的过去，就会在精神上陷于过去。未实现的目标、失败的关系、过往的损失和挫败占据着我们的大脑，导致我们很难接受和适应当下的变化。

如果我们放下过去，就能更容易接受变化，有更强的适应能力。这对我们有利，因为我们所处环境的变化往往是个人成长和幸福的前兆。

8. 更能享受到日常的快乐

执着于过去让我们无法享受当下。我们会注意不到每天发生的那些微不足道却令人快乐的瞬间。我们会错过与朋友一起开怀大笑的机会，错过在户外散步的机会，错过短暂沉浸在引人入胜的小说中的机会。

放下过去可以让我们自由地去感受这些小快乐。我们不再执着于痛苦记忆和令自己挫败的事情，可以尽情享受我们曾经忽视的小快乐和小幸福时刻。

9. 对他人更有同理心

如果我们的内心被自己的痛苦、损失和后悔所占据，就无法对他人的痛苦、损失和后悔感同身受。我们越纠结于自己的痛苦，就越不能理解和同情身边的朋友、亲人和同事的痛苦。

如果我们准备好“放下”，我们的内心空间就能得以释放，我们就能去理解他人的情绪。我们会变得更能欣赏他人的观点，明白他人的感受，这让我们与周围的人联系更加紧密。在他人成功时，我们能更好地给予喝彩，在他人感到挫败时，我们也能更好地给予鼓励。

10. 情感上能独立

执着于痛苦的过去让我们无法在自己身上找到快乐。我们会开始从外部寻找哪怕是一点点的快乐。我们甚至会依赖他人来激发兴趣，增强自尊，获得精神上的刺激。

当我们放下过去时，就给了自己自由，就能认识到幸福掌控在自己手中。我们会相信自己不需要依赖他人也能对自己和自己的境遇保持乐观。

“放下”并不容易

如你所见，这事关重大。毫不夸张地说，我们当下和未来的幸福取决于我们能否放下那些阻碍我们前进的懊悔、失望、不满和愤怒等情绪。

“放下”并不容易。前文也提到过，如果轻而易举就能做到，那这本书就没有存在的必要了。但不管你的境况如何，有怎样的过往，你都可以做到“放下”。

虽然每个人都有独一无二的过去，有不同的情绪痛苦和焦虑，但我们有许多共同的压力源。至少在表面上，我们会执着于很多相同的事情。在下一节中，我们将快速审视那些人们经常放不下的、最终阻碍他们前进的事情。温馨提示：你会发现其中一些正是在日常生活中困扰着你的事情。

“放下”就是释放那些束缚我们心灵的意象和情感、怨恨和恐惧、依恋和失望。

——杰克·康菲尔德

最应该“放下”的20件事

紧抓痛苦的记忆不放让我们和他人变得疏远。即使我们的朋友和至亲察觉到了我们的痛苦，试图帮助我们，似乎我们依然只能独自面对，这让我们陷入孤独和绝望。如果不加以解决，孤立感会发展到让我们觉得没有人能理解我们的痛苦。

实际上，人们在生活中的许多苦恼是相同的。我们对类似境遇下的痛苦记忆念念不忘，对类似的后悔、损失和失望等负面情绪无法释怀。意识到其他人已经经历过（或正在经历）和我们类似的痛苦情绪和境遇，对我们来说是一种慰藉。

考虑到这一点，我们不妨来看一下最让大家痛苦的 20 件事。这些事情会独占我们的思维，打击我们的乐观，剥夺我们的快乐，阻碍我们享受真正的幸福和情绪自由。

以下内容并不详尽，离详尽还很远，但的确涵盖了许多我们无法控制的情绪痛苦的普遍来源。如果你发现自己读着读着开始点头赞同，并觉得“呀，这说的绝对是我”，不要感到惊讶。

1. 失败的关系

即使试图说服自己走出一段失败的关系，我们还是难以做到。我们很自然会想到它，会去研究关系破裂的原因。即使已经想尽一切办法去拯救这段关系了，我们还是经常会自责。

对已经破裂的关系难以释怀很正常，至少在短时间内是这样。但最终，我们必须找到释怀的方法，让生活继续前行。

2. 有害的关系

走出一段有害的关系似乎应该很容易。毕竟，它给我们带来压力和焦虑，也明显无法让我们感受到尊重和信任。然而，这种关系往往是最难摆脱的。双方在感情上互相依赖，尽管彼此都很痛苦，却还是会劝说对方不要离开。

当陷入有害关系中时，我们无法体验情绪自由。我们容忍这种关系的时间越久，就越没有机会找到更健康的关系，体验随之而来的幸福。

3. 嫉妒

嫉妒源于不安全感和攀比心理。我们对可能会失去当下生活中享有的东西惴惴不安，或者对别人的好运气羡慕嫉妒。

大多数人认为嫉妒只会发生在人际关系方面，然而它也会涉及我们的事业、财产和他人的境遇。如果不加以控制，它往往会发展成怨恨、自卑，甚至羞愧的情绪，这些情绪都会伤害我们的自尊心。

4. 过往的失败

我们往往将自己的失败留藏在心里，那些失败的人际关系、事业、投资、竞赛、考试和面试会一直挥之不去。我们觉得如果采用不同的方式，可以把事情做得更好，因此纠结苦恼。

回顾失败是明智的，这能让我们避免再犯同样的错误。但如果我们不停地被它们困扰，无法与它们和平相处，就会产生自我谴责的情绪。这往往会导致我们内疚和羞愧，最终质疑自己的能力。

5. 过往的后悔

后悔的情绪源于我们认为自己做了错误的选择。例如，我们结婚找错了对象，房子买错了地段，或者大学选错了专业。我们对这些令人后悔的选择耿耿于怀，因为我们相信，如果当初做了不同的决定，我们的生活会比现在好得多。

但过去是无法改变的。对过去的选择后悔会变成一种精神负担，最终挥之不去。它们会让我们怀疑自己的能力，也会损害我们的自尊心。

6. 过往的不幸

我们都经历过不幸，可能丢掉过工作，健康出现过问题，遭遇过严重的交通事故，也可能遭遇过抢劫，车子被破坏过，等等。遇到这样的事情，我们会为自己感到难过，甚至会想：“为什么这种事情总发生在我身上？”

虽然这么想可以宣泄一下情绪，但它也可能打开绝望之门。除非我们决定放下这些不幸的遭遇，否则我们就会开始认定自己是厄运的受害者。一旦我们这么认定了，就会丧失个人能动性。

7. 未实现的目标

我们很容易对自己的目标和抱负产生情感依恋。

会开始想象实现它们后的场景，想象那时我们将体验到的成就感和满足感。但这种依恋是把双刃剑。当我们未能实现目标时，便会感到挫败、失望和无能。

未能实现的目标可以成为强有力的教训。我们能从中了解自身的优缺点，发现设定的目标是否切合实际，学习如何提高注意力和执行力。但是，如果我们不能从失败的低落情绪中解脱出来，就有可能完全得不到这些教训。

8. 他人的评判

谁都不喜欢被人评头论足。我们担心朋友、亲人、同事，甚至陌生人可能会认为我们懒惰、愚蠢、疯狂或无能。这种担心如果持续下去，最终会导致我们忧虑不安，逃避做出实质性的决定或采取重大行动。我们试图通过这样的逃避来保护自己。

纠结于他人对自己的看法相当于默认让他人替我们做决定。我们的生活不再是自己的，情绪健康也变得取决于他人对我们的看法。

9. 他人的怨恨和蔑视

我们自然希望别人尊重我们，但几乎肯定的是，我们会让一些人心生痛苦和怨恨。当人们认为他们在某种程度上受了委屈时，就会产生这种情绪，即使我们无意为之。

当别人对我们不满时，我们会感到不安，会被他们的怨恨困扰，因此我们会想着去弥补错误。当然，这么做是高尚的、值得的，但我们的影响力有限。我们可以去解释、道歉、请求原谅，但如果这么做无法消除对方的怨恨，为了保护我们的心理和情绪健康，我们必须放手。

10. 掌控一切的幻想

我们想要掌握主动权。我们愿意相信自己是环境的创造者。有能力对事情施加控制让我们相信事情的结果受到了我们的影响。

但问题在于，外部事件通常不受我们的影响。认为自己掌控了这些事件在很大程度上只是幻想。最大的问题是，维持这种幻想会让人精神疲惫。如果我们放下控制周围一切的欲望，就更能接受不利的境遇，也能培养自己在情绪健康的基础上适应和应对不利境遇的能力。

11. 时时快乐的期望

大多数人都想要快乐，希望有令人满意的婚姻、事业和生活现状。但重要的是，我们要认识到自己不可能时时都快乐。时时快乐是一种美好的幻想，因为痛苦也是生活的一部分。我们也会承受压力、遭遇不幸、历经艰难，也会常常体验到身心的双重痛苦。

放下时时快乐的期望会有两大效果。首先，我们会变得更愿意承认自己不快乐。这是找出困扰我们的事情（然后要么解决它，要么接受它）的重要一步。

其次，我们不再会总是消极地拿自己和他人进行比较。当我们开始理解自己真实的情绪状态时，便会开始意识到，每个人都经历过不快乐。我们会相信，别人的快乐往往只是表象。我们不再羡慕他们，而是能够更好地与他们产生共鸣，建立联系。

12. 愤怒

我们在受到虐待、威胁、嘲笑、否定或蔑视时，会感到愤怒。虽然产生愤怒事出有因，但陷入其中会让人筋疲力尽，让它一直留在心里会消耗我们大量精力。

那么我们为什么会时常愤怒呢？保持愤怒意味着我们不必承认自己在情感上受到了伤害，也给了我们一种掌控感，因为只有自己可以决定什么时候停止愤怒。有时，愤怒会成为我们个性的一部分。我们会开始利用它来影响他人。

当我们放下愤怒时，人际关系会更好，压力会减小，身心会更健康，也更能以积极的方式向他人表达我们的感受。

13. 羞愧

羞愧源于我们认为自己未能达到理想的自我意象。例如，我们做出了明知不恰当的行为，便会感到尴尬。或者我们做了一个从一开始就知道很糟糕的决定，便会感到后悔。再或者我们做了一件自己觉得应该受到谴责的事情，便会感到懊悔。

当我们逃避面对羞愧时，反而会放不下它。我们不去面对让自己感到羞愧的原因，也就不会花时间与自己和解。

放下羞愧感能让我们接受自己的不完美，接受自己也会犯错的事实，也能帮助我们更加专注于当下，而不是陷于过去的情绪中。它给了我们一个机会，去质疑我们认为当初让自己感到羞愧的合理理由。

14. 他人的意见

许多来自他人的意见对我们是有益的。有些人会提供实用的建设性反馈，还有些人会提出我们可能遗漏的见解。这些观点可以改善我们的表现，激发我们的创造力，并帮助我们认识到个人的缺陷和环境的障碍。

但我们可能会变得过于依赖他人的意见，以至于无法独立做主。我们会一直有顾虑，在做出每个决定和采取每个行动前都要和他人确认。

如果我们不再纠结于他人的意见，就会开始对自己的能力更有信心，也会享受自我肯定所带来的满足和快乐。

15. 自我贬低式的比较

把自己和他人进行比较是很自然的事情。这样的比较能为我们想要实现的目标提供有用的反馈。我们欣赏他人在我们感兴趣的领域所取得的成功，为了取得类似的成果，我们会模仿他们的决定和行动。

问题在于，我们总是以让自己感到嫉妒和怨恨的方式去比较。如果我们觉得自己没有能力取得和别人一样的成功，最终就会信心不足，感到沮丧。例如，想象一下，如果我们围着家务事团团转，看到某个人不停地在网络上发布自己在异国他乡旅游的照片，我们会感到嫉妒和自卑。

放下这些自我贬低式的比较，可以让我们摆脱因自感无能而产生的情绪痛苦。如果我们不再关心别人是否过得更好（这本身往往是种错觉），就会开始珍视生活中对我们真正重要的方面。

16. 完美主义

对完美的执念源于多种原因。例如，我们中的一些人在面对没把握的事情时，用追求完美来维持掌控感。另一些人则用它来逃避他人的批评、指责和评判。还有一些人为了弥补自己内心的不足感而试图变得完美。

不管哪种原因导致的完美主义，都会让我们产生不满情绪。如果我们相信完美是自己获得快乐的唯一途径，那么我们肯定永远都快乐不了。

当我们不再追求完美时，就会少一些焦虑，多一些创造力，会更倾向于有目的、有计划地去冒险。重要的是，我们会让自己从不断争取他人认可的精神负担中解脱出来。

17. 你无法改变的环境

一旦某件事发生在我们身上，它就会成为我们过去的一部分。我们无法改变既成事实。带着后悔和愤怒盯着这些事情，只会让我们始终放不下它们带来的负面情绪。

现代斯多葛学派有一条他们称之为“默许的艺术”的践行之道，即承认许多事情在我们的控制范围之外，因此最好放下它们，继续前行。他们认为这是最简单、最容易适应变化的方法。

18. 对失败的恐惧

恐惧失败通常与追求完美主义有着相同的原因。之所以会有这种恐惧，是因为我们不想让别人失望，不想感到羞愧和尴尬，不希望朋友、亲人和同事对我们有不好的看法。

正如你所想象的那样（甚至你就是这么认为的），这种恐惧让我们束手束脚，不愿冒险，不愿尝试新事物。这让我们享受不到生活带给我们的许多美好体验。

如果我们放下对失败的恐惧，会更愿意走出舒适区。如果我们相信失败并不意味着灾难，自信心和自尊心就会得到提升。所以失败不是坏事，反而往往能为我们的个人成长和自我完善铺平道路。

19. 他人的选择、行为和世界观

我们每个人都有自己的观点，而且都相信这些观点是经过深思熟虑得出来的，都确信有事实支撑着我们的观点。因此，我们觉得任何与自己观点不一的人一定是错的。这是一种几乎人人都有的普遍心态。

当我们纠结于别人的观点时，问题就出现了。光觉得自己是对的还不够，我们还必须要让别人相信我们是对的。因此，我们每天都花时间争论各种问题，大到政治、文化规范和经济问题，小到炒蛋应该单独吃还是配番茄酱吃的问题。

不用说，这种持续的争论毫无意义，还会让人精神疲惫。放弃让别人相信我们是对的（实际上是放弃试图改变他们），我们可以在几个有意义的方面受益。我们会开始优先考虑自己的人际关系，并改善与其他人之间的关系。我们浪费的时间和精力会更少，也会更容易接受自己有犯错的可能。当然，这也有助于我们成长。

20. 灾难化思维

我们中有些人会陷入一种灾难化思维模式，就是总认为会出现最坏的情况。这种预期不仅不合理，而且这些最坏的情况往往不现实。例如，一次失败的面试后便认为“我在这个行业永远找不到工作”。一段失败的感情后便认为“我要孤独终老了”。孩子过了睡觉时间还没回来，持有灾难化思维的父母会担心“我的孩子一定是遇到了交通事故，受了重伤”。

灾难化思维源于一种无助感。我们觉得自己缺乏控制力和影响力，因而无法解决问题。所以，我们会把每一个问题都视作潜在的灾难，引发最深的恐惧。

如果我们放下灾难化的想法，就会少一些恐慌和焦虑。与此同时，我们对超出自身控制范围的情况的看法和期望也会变得更加合理。这让我们能做出更好的决定，承担更多的风险，并最终与我们的朋友、家人和同事一起享受更多的机会。

这一节篇幅较长。实际上，这是本书中最长的一节了。篇幅长的好处是，我们现在对利害关系有了明确的把握。如果我们能找到一种放下上述提到的 20 件事情的方法，我们的情绪健康将得到显著改善。

请记住，在这一节中，我们只是触及了一些皮毛。还有无数我们应该学着放下的事情，而且毫无疑问，我们每个人遇到的问题都不一样。好消息是，你将在第三部分中学到普遍适用的技巧。你可以用它们来解决几乎任何类型的情绪痛苦或忧虑。

在我们谈到第三部分的工具和方法之前，让我们来探讨一些我们难以“放下”的常见原因。

第二部分

难以“放下”的常见原因

PART Ⅱ

做出“放下”过去的决定很容易。向自己承诺要从痛苦记忆和负面情绪中走出来也很简单。

但真正做到却很难。

如果过去的事件、失败的关系、令人后悔的决定或是个人恩怨困扰着我们，让我们无法自拔，说明我们认为它们很重要。问题的关键不在于它们对我们来说是否真的重要，而在于我们相信是这样的。这种信念让我们难以“放下”过去，无论这样的执念会造成多大的情绪负担。

出于种种原因，我们拒绝“放下”那些造成我们情绪压力的想法、情感和记忆。在本小节中，我们将探索那些对我们影响最深刻的原因。其中一些你一眼就能识别出来，它们甚至可能正是造成你目前放不下某件事情或某段恩怨的罪魁祸首。其他一些原因你可能还不熟悉，甚至会觉得不同寻常。但是在进一步了解后，你会发现它们同样要为你的难以释怀负责。

一旦我们认清自己的内心为什么拒绝“放下”，就能真正开始摒弃自己在情绪上对过去的执念，以及随之而来的苦恼、压力和悲痛。

温馨提示：本小节不用花太多时间去深究。我们的目的是充分理解我们的内心为什么对痛苦的过去难以释怀，理解了就行。因此，现在请拿上你最喜欢的饮品，找个舒适的地方，我想你会发现后面的内容既引人入胜又发人深省。

没有改变，就没有成长。没有成长，就不算真正地活着。

——阿纳托尔·法朗士

对改变的前景心存恐惧

改变是令人惧怕的。我们面对变化时，会害怕随之而来的不确定性。因为担忧和焦虑，一些问题立刻开始在我们内心闪现……

- 这次改变对我的生活意味着什么？
- 我会因此失去什么？
- 我能适应新环境吗？
- 我会对生活的某一方面失去掌控吗？
- 我会被迫承担更多责任吗？
- 这个改变会增加我失败的可能性吗？
- 新环境会暴露我的短板和缺点吗？

因此我们会心生抗拒，会试图抵触改变，而不会欣然接受它们。我们往往喜欢保持现状，尽管现状对我们来说充满痛苦，但我们适应了这种痛苦的状态。

虽然我们闷闷不乐，但仍会自欺欺人地认为自己可以继续忍受下去。

如果我们决定放下某件事情，就会敞开心扉，接受另一种可能，即我们没有它也能生活。虽然这种改变是对自我的解放，我们仍会害怕随之而来的不确定性。毕竟，我们已经承受这份痛楚太久了，我们认同它的存在，虽然它让我们难过苦恼，但它对我们来说如此熟悉。放下它会让我们感到陌生与恐惧。

放下过去就是鼓励我们直面这种恐惧。尽管这样做会让自己感到脆弱不安，但这是摆脱那些困扰我们的心烦记忆和苦闷情绪的关键一步。

当能够接受改变的前景时，我们对改变的本能抵抗就会开始弱化。在那一刻，我们知道自己终于准备好放下那些阻碍自己前进的事情了。

除此之外，如果我们能够欣然接受改变，惊喜也会随之而来：我们会更加自信。我们不再会害怕改变带来的不确定性，而会开始相信自己能适应变化。因此，“放下”就会变得越来越容易。

害怕错过是珍惜时间的大敌。

——杨安泽

害怕失去机会

我们常常抓住消极情绪和不愉快的回忆不放，因为我们害怕会错过它们可能带来的积极体验。

比如，我们在情感上对一段失败的关系念念不忘，拒绝放手，因为我们希望能以某种方式挽回它。或者，我们仍然对放弃大学学位的决定耿耿于怀，因为我们希望有一天能重回校园完成学业。又或者，我们对创业失败的经历难以释怀，说服自己是因为时运不济，梦想着能另寻时机东山再起。

这就是所谓的“错失恐惧症”。

错失恐惧症在很多方面都影响着我们。有时，它让我们无法做出承诺，因为这样做限制了我们的选择。其他时候，它唆使我们不断查看手机，不假思索就接受他人的提议和邀约。或者，我们会花费超出负担能力的钱，因为我们不想错失他人正乐在其中的体验。

错失恐惧症不会让我们“放下”过去，而会促使我们保持情感上的依恋。如果有机会逆转或纠正令人后悔的决定或局面，哪怕只有一丁点的机会，我们都会抱着一线希望不放。

我们告诉自己，这么做只是为自己留有选择的余地。但事实上，我们拼命抱着“让事情重回正轨”的愿望不放，如此一来，就会剥夺自己放下过去和继续生活的机会，也就没有机会去享受其他经历、关系和成功能带来的个人满足感了。

我们可以从错失恐惧症的名称中窥见那块主要的绊脚石——恐惧。我们对继续前行、错失体验美好事物的机会、错过可能发生的事情心存恐惧。不幸的是，这种恐惧让我们在情感上对那些不愉快的事情保有依恋，让自己的痛苦永无止境。

第三部分会介绍几种工具和技能，帮助我们克服这种心态并消除随之产生的忧虑。

当我们在某件事情上投入了大量时间、金钱、精力或感情，它的沉没成本谬误是最危险的。这些投资会成为我们继续下去的理由，即使我们败局已定。

——罗尔夫·多贝里

担心“投资”有去无回

我们在生活中的某一刻都有过这种感受，在一些没有成效的事情上投入了大量时间、精力或金钱，以至于我们无法“放下”这些事情。尽管我们因此而痛苦，但还是紧抓它们不放。考虑到我们已经为它们付出的巨大代价，中途放弃然后继续前行似乎不太明智。

这种情况在我们的职业生涯和个人生活中都会发生。例如，明明从事的职业让自己不开心，却一直没有换掉它，因为我们投入数年时光和大量金钱获得大学学位后才得到了这份工作。或是我们困在了一段有害的关系中，因为自己已为它付出了人生年华和情感精力。我们维持着一家经营惨淡的企业，因为自己为它投入了大量时间、资本，甚至还有我们对实现自我价值的那份期许。

我们不想让自己的投资打水漂，所以我们不愿放手，执着于那些让自己备感压力、焦虑、挫败、苦涩和怨恨的事情。

对于这种心态，商业界有个术语——沉没成本谬误。它描述了一种由于已经投入的资源而持续付出努力的倾向，即使这些资源已经无法收回。我们会为此追加投入，因为放弃努力即意味着承认失败。

我们往往对那些导致自己情绪不适的事情紧抓不放，这同样是沉没成本谬误。放下这些事情意味着承认它们没有成效，也意味着承认失败。承认失败很难，如果我们的自我意识依附于我们不愿放下的事情（比如失败的关系、惨淡的生意等），承认失败更是难上加难。

所以我们会执着于这些事情，投入更多的资源。我们会继续为情感依恋付出时间、精力和金钱，尽管内心深处知道自己的付出将颗粒无收。

好消息是，一旦我们能从沉没成本谬误中解脱出来，放下这些事情就会变得容易得多，我们不会再无法割舍自己的投资。

没有你的同意，谁也不能让你感到自卑。

——埃莉诺·罗斯福

在自卑中挣扎

自卑会阻碍我们对过去释怀，因为我们觉得自己所经历的可悲境遇和所遭受的情绪痛苦都是咎由自取。我们就不会发掘自己的优势，只会关注自己的缺点，不会为自己的成就喝彩，只会为自己的无能而自责。

我们的头脑中充满了自责，内心有个批评的声音在说服我们，自己不讨人爱、一无是处、注定（也活该）失败。

这种心态迫使我们对过去的错误、失望和挫败耿耿于怀。我们为这些事情自责，并因此而执着于它们，认为源自它们的苦恼是自己“应得的”。我们不会同情自己，而会继续让自己对过去负责，不愿意原谅自己。

假设我们的一段关系以失败收场。这可能是由许多因素导致的，包括双方的决定和行为。但如果我们在自卑中挣扎，可能会觉得自己是罪魁祸首。这种想法以及随之而来的后悔，促使我们对痛苦的记忆念念不忘，而不是放下它们，继续生活。

又假设我们经营的企业破产了。同样，这可能是许多因素（例如，经济不景气、位置不佳、竞争加剧等）导致的。如果我们妄自菲薄，很可能会把责任归咎于自己。我们往往不会考虑外部因素的影响，只会关注自己的错误决定。我们不会把这次失败的经历当成一次吸取教训的机会，只会把它看作是自己无能的佐证。

只有设法打破这种自责的习惯，我们才有可能对过去释怀。为了能好好地继续生活，我们必须找到一种方法，来削弱自己内心批评的声音，避开它可疑的、伤害情感的指责。

请你继续读下去，本书第三部分介绍的方法可以为你提供帮助。

你永远不该羞于承认错误，这只是证明今天的你比昨天更有智慧了。

——乔纳森·斯威夫特

讨厌承认错误

在某种程度上说，不愿承认错误是自卑的对立面。但讽刺的是，它和自卑一样，会削弱我们以合理的方式摆脱痛苦记忆的能力。

我们不会为不尽如人意的结果感到自责，会认为责任全在于他人。当有证据表明我们可能应该分担责任时，我们会不遗余力地提出反对。我们的自尊心不允许自己为错误承担责任。

我们很容易认为这种心态能让自己毫不费力地放下过去。毕竟，如果一切都不是我们的错（至少我们内心是这样想的），就不用后悔，因此便能毫不犹豫地继续前行。

然而奇怪的是，情况恰恰相反。我们会感受到认知失调。当我们的思想、信念、决定和行动互相矛盾时，就会产生精神压力。这种压力让我们沉浸在自己的损失与沮丧、破灭的期望和个人怨恨中。我们会继续责怪除了自己之外的所有人，拼命坚持这种说法，而不是干脆地承认错误并继续前行。

假设我们的婚姻走到了尽头，我们拒绝承认自己也应该对婚姻破裂负责。尽管朋友已指出我们对待另一半的态度恶劣，我们仍然相信自己完全没错。认知失调时，我们很难放下失败的婚姻。心理压力反而会让我们紧紧抓住它不放，哪怕只是为了继续表明自己是无可指责的。

但我们必须克服这种心态。能够承认错误，才能放下过去，享受新生活带来的情绪自由与内心平静。

我的习惯是眼不见心不烦，这就是我的生活态度。所以我对自己所有的过去没有任何浪漫情结。

——约翰·列侬

美化放不下的事情

娱乐业把过去浪漫化了，也把我们对过往的执念浪漫化了，这让我们更难对过去释怀。

例如，想想那些着重描写主人公单恋故事的小说。他（她）渴望得到单恋对象的爱，却一再遭到拒绝或被忽视。主人公没有就此接受现状，而是坚持不懈地试图赢得对方的心。在小说结尾，主人公通常都如愿以偿，从此过上了幸福的生活。

或者想想那些聚焦过去时代的电影。那些时代即使充斥着暴力和流血，在电影中也被浪漫化了，因为焦点落在了勇士和他（她）经历各种考验和磨难的英雄之旅上。

这对我们的心理产生了有趣的影响。我们一生都在接触美化过去的电影、电视节目、书籍和音乐，这让我们对过去更难以释怀。有时我们对后悔、失望和痛苦记忆的源头不愿释怀，因为我们把它美化了。

例如，我们大多数人对待失败的关系时就是这样做的。我们会不顾痛苦，坚守着回忆，因为自己美化了前任，美化了与他（她）共同经历的情境。我们会牢记这段关系中美好的部分，同时淡化糟糕的部分。我们中的一些人会出于这个原因回到有害的关系中。我们对前任的美化让自己忘却（或忽视）了这段关系对我们根深蒂固的毒害。

我们对过去的其他方面也会经历这样的过程。例如，我们把获得学位这件事想得很美好，就很难下决心放弃高等教育；我们把实现某些目标想得很美好，就难以对没有实现这些目标带来的失望释怀；我们理想化地认为自己被认识的每个人爱着，就会执着于别人对我们的看法，困在他们的认可或否定中，无法自拔。

这种美化过去的倾向总会导致悲伤、受挫和失望，但我们可以改变这种习惯，允许自己以现实的眼光看待现状和过往。当我们这样做时，就更容易从务实的角度看待过去，然后对其释怀，最终继续我们的生活。

以其终不自为大，故能成其大。

——老子

自我认同与放不下的事情有关

我们会在意自己的创伤、成就、失败、价值体系、职能，甚至物质财富。这些事物连同许多其他事物造就了我们信念中的自己。我们根据它们来确定自己的身份类型，将自己归到特定的群体中。

一方面，这种做法对我们有益。对事物的认同能帮助我们明确自己是独立的个体，让我们有自我意识。

但另一方面，这种做法也会让我们更难放下我们认同的东西。当认同了特定的事件、环境、斗争和信仰体系等时，我们会被它们困住。我们会觉得，在抛下这些东西的过程中，会不可避免地舍弃自己重要的一部分。

例如，假设你创办了几家企业，但最终都以失败告终，你逐渐开始认同这些经营失败。尽管你心怀抱负，但你现在私下里认为自己是一个“无能的经营者”。

你就这样给自己定性了，相信它是你性格的一部分。自然而然，当你设想去创办另一家企业时，你给自己强加上的这个标签会抬起丑陋的脑袋，立刻让你灰心丧气。更糟的是，你觉得自己好像永远也摆脱不了它。它就像一个锚，将你拖累压垮。

当我们将自我认同与自己的经历联系在一起时，这种情况就会发生。一连串失败的关系会让我们相信自己没有能力维持一段成功的关系；遭到解雇会让我们感觉自己胜任不了自己选择的职业；多年来一直渴望成为一名职业小说家，却没能写出并出版一部小说，这会让我们相信自己永远成功不了。

这些经历会影响我们对自己的看法，觉得自己成了人生输家。最终，我们将自我认同与这些失败关联起来，断绝了自己成功的机会。

抛弃我们原来的自我认同可以带来极大的解放。这让我们更容易放下糟心的记忆和折磨人的情绪，因为我们不再被自己贴上的挫伤士气的标签所束缚。

负面情绪就像不受欢迎的客人。它们出现在我们家门口不代表它们有权留下来。

——狄巴克·乔布拉

沉迷于负面情绪和想法

所有人都喜欢且欣赏正面情绪。我们喜欢幸福、满足和愉悦的感觉。我们从感受到被爱中得到极大的快乐，并反过来去爱别人。我们喜欢满怀希望和惊叹不已的感觉。

然而，我们经常关注负面情绪，沉湎于痛苦的处境。对那些让我们愤怒和怨恨的事情耿耿于怀，因为失望和损失而泪眼愁眉。

有时，我们这样做是有目的的。我们仔细琢磨负面的情况，以确定自己做错了什么，这样就能避免重复犯错。但很多时候，我们关注负面情绪是毫无目的的。我们执着于令人难过的回忆、个人恩怨和对自己及他人的评判，沉迷于这些以及其他恼人的情绪和想法。

可以肯定的是，这是违反本能的。当我们可以遵从本能，享受平静、快乐和安全的感觉时，为什么会选择执着于愤怒、悲伤和恐惧呢？

心理学家称，这可能是一种情绪成瘾，其成因多种多样。一个可能的原因就是我们觉得无法掌握所处的环境。另一个原因是我们要试图弄明白一些对我们来说似乎毫无意义的事情（事件、结果等）。还有一个原因就是为了让自己确信，我们在某个情况下的决定和行动是正确的。从本质上来说，无论最初是什么原因导致我们体验到负面情绪，我们都是无可指责的。

不管执着于负面情绪的原因（可能不止一个）是什么，它都会削弱我们放下过去并继续前行的能力。当沉湎于不幸的事件、破灭的期望或任何让我们感到受挫、生气、冒犯或愤恨的事情时，我们的内心就会被与之相关的负面情绪所束缚。这会促使我们执着于它们，而不是抛下它们。

这种行为会变得根深蒂固，以至于我们在意识不到的情况下就这么做了。我们最终会抓住这些事情不放，尽管它们已经（并将继续）造成了我们的情绪困扰。

坏事总会发生，人类大脑特别擅长确保我们能记录这些事件，这是一种对生存很重要的适应机制。

——戴维·珀尔马特

大脑为生存而生

大脑把我们的生存看作头等大事。这是为了帮助我们应对危险的环境，避免身心遭受威胁和危害。大脑将生存放在至高无上的位置上，其他一切利益都无法与它竞争。这是我们自然程序的一部分，这种生理需求是与生俱来的。

大脑优先考虑生存的主要方式是识别和储存负面信息。它会记住那些对我们身心造成伤害的经历。如此一来，它就能帮助我们避开那些让自己不舒服的、危及安全的危险。

大脑倾向于关注负面信息（心理学家称之为“负面偏误”），这帮助我们的祖先在危险环境中生存下来。一次判断失误就可能造成毁灭性后果，这让他们对充满威胁的环境保持警惕。

负面偏误确实有它的用处。但如今，它对心理的影响可以说已超过了它的用处。首先，我们已不像我们的祖先那样时刻面临着环境危险。当然，我们还是会遇到生存威胁，但我们的应对能力已经比祖先强大了许多。

其次，当大脑聚焦于负面信息时，它往往会忽视积极因素。因为后者似乎没有什么实际用处，所以就被忽略了。

最后，负面偏误会阻碍我们放下消极想法和情绪。大脑把我们的生存放在首位，会过于放大负面信息的危胁。我们会牢牢抓住这些信息，本能地认为这样做能让自己今后免受伤害。这种倾向影响着我们生活的方方面面，从人际关系到工作事业，再到面对冲突选项时做出明智合理决定的能力。

想要克服这种天生的聚焦负面信息的倾向，我们需要重塑大脑神经网络。我们必须重构过去的负面经历，以便最终对它们释怀。除此之外，我们必须改变思考处境的方式，这样就能只在负面因素能为我们所用的时候才注意它们。

我们在第三部分介绍的方法和练习将有助于实现这些目标。

第三部分

21 个方法让你“放下”过去，继续前行

PART Ⅲ

我们已经做好了准备，打好了基础。现在是时候开始行动了。本书的这一节是推动我们付诸实践的关键部分。你会找到很多切实可行且能立刻运用的技巧和工具。

我们将一步步探索各种技巧。它们能帮助我们评估痛苦的记忆，消除目前妨碍自己前行的愤怒、怨恨、失望、评判及个人恩怨。

我们并不会停留在自我评估上，我们还将进一步探索。我们的最终目标是打破让我们多年来毫无必要地执着于有害的关系、令人后悔的决定、令人痛心的损失和希望破灭带来的痛苦的条件反射。

本节介绍的方法会帮助我们颠覆对无法改变的事情感到后悔、内疚和自责的心理模式。它们会让我们逐步用自我关怀取代懊悔、羞愧和对什么都不满的情绪，会鼓励我们培养一种重视自我关怀、宽恕和对自己有耐心的心态。

最终，它们会帮助我们重获勇气，放下让自己感到痛苦和沮丧的事情。一旦能做到这一点，我们最终就能继续前行，创造值得拥有的生活。

温馨提示：接下来的每个方法都包含一个练习。练习十分简单，目的在于快速应用。但不要小瞧它们。它们提供了将理念付诸实践、将建议转化为行动的机会。

你将体验到真正的情绪解脱和向前迈进的自由，不再被过去和现在所困。准备好了吗？如果答案是肯定的，那就让我们卷起袖子开始吧。

我们并不能改变昨日的遗憾，但能掌控着明日的输赢。

——林登·贝恩斯·约翰逊

方法 1：做出放手的决定

我们想要在生活中做出积极的改变，其原因五花八门。有时是因为这些改变能让我们成为更善良、更友好、更可靠的朋友、配偶或同事。有时则是因为我们相信它们可以提升生活质量。

最重要的是要记住，想要做出积极改变和下决心做出改变是不一样的。前者只不过是一种心愿，而后者是一种承诺，一种更有可能实现我们想要的改变的决定。

做出放下某事的决定，听着不难，做起来却复杂得多。

第一步，需要认识到让自己不快乐的根源是什么。我们必须问问自己：“是什么造成了我的情绪痛苦？”

第二步，需要确定自己是否已经准备好做出放下这个负担的承诺了。这个时候，我们需要拥有做出承诺的动力。再问问自己：“一旦我摆脱了这段痛苦记忆、这个令我后悔的事件或这种挫败感，我的生活将会有怎样的改善？”

第三步，必须找出大脑抗拒放下这种情绪负担的潜在原因。我们认同这种痛苦吗？我们在自卑中挣扎吗？我们认为自己不值得被原谅，没有资格享受快乐吗？回顾第二部分提到的常见原因，很可能不止一条适用于此。

第四步，必须认识到，放手的决定最终是由我们自己做出的。其他任何人都不能为我们做决定。认识到这一点，我们就有了一种使命感，它能鼓励我们拥有生活中的主动权。

假设你发现很难放下一段失败的关系，那么你应该这样做。

第一步，找出你不快乐的根源。这段关系破灭也许是因为你做出的某个重大决定，也许是因为伴侣的言语谩骂。

第二步，考虑一下，一旦你决定放下这种痛苦，你的生活将得到怎样的改善。你会感到负担减轻了，会对自己更有信心了，会对生活前景感到更加乐观了。

第三步，确定为什么你放不下这段关系。是自卑阻止你寻求更健康的关系吗（也就是说，你觉得自己配不上更健康的关系吗）？或者也许是你害怕面对这样的事实：你从一开始就觉得这段关系注定要失败，但还是坚持了下来。

第四步，认识到放下这段失败关系的决定是你自己做出的。你有主动权，有能力做出这个决定。

练习 1

写一份声明，总结出你决心放下的带给你痛苦的事件、决定、关系或记忆。把它贴在显眼的地方（桌子上、冰箱上，等等）。这份声明应包含上文讲到的四个步骤。

例如：

- 我承诺终于要放下。
- 放下后，我会觉得压力变小，不再那么心灰意冷。我会对自己更有信心，会更积极地看待自己的潜力。
- 我的大脑有可能会抗拒。毕竟，我已经执着于此好多年。我认同这种痛苦。我把它美化了，尽管我知道那不切实际。
- 我有能力做出这个决定，我的决定是：放下。

建议用时：10 分钟

如果你没有注意到自己正握着什么，就不可能放下它。承认自己的“弱点”，然后看着它们转化成最大的优势吧。

——尼尔·唐纳德·沃尔什

方法2：认清你的情绪状态

在放下某件事情之前，我们需要知道它是怎样影响我们的情绪的。感受到一种特定的情绪，例如愤怒、愧疚或悲伤是一回事，充分了解其如何影响我们的心态以及我们对自己和周围一切的感受则是另一回事。

假设我们对一段失败的关系感到愤怒，这种愤怒并不是凭空存在的，它会引起连锁反应，波及我们生活的其他领域。它会让我们在工作中变得烦躁不安，让我们与朋友相处时变得喜怒无常、与陌生人互动时没有耐心。

重要的是，我们要了解令人不安的情绪是如何影响我们的情绪状态的。它们是如何影响我们对自身境遇的解读的？是如何影响我们应对挑战和解决问题的方式和效果的？是怎样支配我们的世界观，并让我们的观念带有偏见的？

简单地说，我们经常低估自己对某个特定事件、决定或记忆的感受。我们知道自己能感知到它们，却忽视了它们对我们头脑的影响。

理解、评估和管理情绪状态的能力被称为情商。它包括对以下问题的深入反省：我们有怎样的感受？我们为什么会有这样的感受？这些感受是怎样影响我们的？我们是否需要采取行动来控制它们？

这个过程需要自我察觉，要能够察觉自己的感受，弄清楚这些感受是否有意义。我们要研究源于某段记忆或某种不满的情绪是怎样影响我们在生活中其他方面的反应和行为的。

第一步，找一个安静、没有干扰的地方坐下来，好好想想。

第二步，问自己两个简单的、相关联的问题：“我有什么样的感受？是什么让我产生这样的感受的？”

第三步，好好思考，这些情绪在我们身处职场、与朋友一起、与我们所爱的人相处，乃至自己独处时，是怎样影响我们的行为的。

第四步，将所有想到的都写下来。

在做以上几步的过程中，我们可能会对自己的情绪感到内疚。可能一想到它们是怎样影响我们的就会觉得羞愧。我们要抵制对自己的感受进行批判的冲动，这一点尤为重要。否则，我们可能会本能地压抑这些不愉快的情绪，这不利于我们评估、管理和解决它们。

练习 2

找一个安静且不被干扰的空间，记得带上纸和笔。

想一想最近让你感到生气或难过的事件。用一句话描述它。例如：“我下班回家的路上堵车了。”并将它写下来。

接下来，列出你在事件中和事件后感受到的情绪。愤怒？受挫？不屑？把它们都写下来。

现在，使用简短的句子描述一下这些情绪是如何在事件后立刻影响你的行为的。例如：“我厉声呵斥了我的另一半”“我到家时摔了门”。并将它们写下来。

最后，阅读你写下的内容，仔细想想如果没有发生这一事件，你的情绪会如何影响你的行为和反应。

建议用时：10 分钟

抓着怨恨的情绪不放，就好比让一个你厌恶的人免费租住在你的脑子里。

——安·兰德斯

方法 3：为你的负面情绪找个出口

如果有一个宣泄负面情绪的出口，我们就能更容易放下痛苦不堪的记忆、满腹委屈的怨恨、令人后悔的决定或因失去至亲造成的痛苦和悲伤。找到出口并不能让负面情绪消散，但它提供了一个释放负面情绪造成的压力和焦虑的出口，这样我们就不会被压垮。这十分重要。没有这种压力，我们才能更好地评估自己的情绪状态。

有些人从体育活动中寻找情绪上的慰藉。他们常驻健身房，参加运动项目，扫除房子或是跑步。

另一些人则通过与朋友聊天找到安慰。这可能包括说出他们经历的情绪挣扎，也可能只是与喜爱和欣赏的人一起共度时光。

还有一些人发现，有些放松的活动，例如阅读、冥想或绘画，可以缓解他们的压力，帮助他们恢复平静。

想想你喜欢的活动能带给你怎样的感觉。例如，在公园或商场观察过往行人能让你感到放松吗？看一部浪漫的喜剧能让你感到开心吗？与挚友共度时光会让你备受鼓舞并感激这份友谊吗？

这些方式都能成为你宣泄负面情绪的宝贵出口。关键是行动起来。

当我们对难以放下的事情感到痛苦时，往往会将自己封闭起来，沉浸其中。当大脑专注于让我们陷入痛苦情绪的事情时，其他事情就会被忽略。

这时我们就应该强迫自己去做喜欢做的事情。我们可能不想去公园观察过往的行人，但当自己感到痛苦时，这恰恰是我们应该去做的。我们可能不想看一部浪漫的喜剧，但这时我们确实应该去看。

强迫自己去做喜欢做的事情，可以让我们的大脑不再被消极想法和负面情绪占据，可以为困扰着我们的压力提供有效且及时的宣泄出口。释放这些压力能帮助我们减少情感依恋，关注更远大的目标，从而更容易面对我们放不下的事情。

练习 3

找出五件让你感觉良好的事情。它们应该是切实可行并且能持续做的。每次做这些事情都会让你感到快乐、放松、满足或精神振奋。

确保这些事情简单易行且不需要做计划或付出过多成本，你想做的时候就可以做。比如遛狗、看小说、逛当地的公园、去博物馆或咖啡店。

写下这五件事情，贴到显眼的地方。当你的大脑被痛苦的情绪困扰时，它就不用费神去想可以做哪些事情了。

下一次你发现自己在为某件事苦恼时，马上参考这份列表，强迫自己去做其中的一件事情。

建议用时：5分钟

所有道德评判，无论是正面的还是负面的，都是未得到满足的需求的悲剧性表达。

——马歇尔·卢森堡

方法 4：确定你的需求是否得到了满足

当需求没有得到满足时，我们很难感到快乐。我们会觉得不满意，就好像无论我们走到哪里都有不满意的乌云如影随形。我们凭直觉知道正在做的事情对我们的快乐来说并非要事，尽管自己并不是很清楚要事是什么。

我们难以放下某件事情，通常是因为我们认为它满足了自己的某个需求。例如，一段失败的关系也曾给我们带来过爱和陪伴；一次失败的生意也曾让我们有过成就感，我们的自信心因此得到过满足；他人的期望也让我们感受到了个人价值。

这种看法经常有误导性（我们稍后会谈到），但我们相信它是真实的。除非认清并承认它是一种错觉，否则我们一直会这么认为。最终，它会让我们不愿意放下任何负担。

讽刺的是，这种误解不仅会破坏我们“放下”的能力，也会阻止我们真正满足自己的需求。例如，我们放不下一段有害的关系，它让我们感到安全。但这种感觉只是海市蜃楼，它对我们只有毒害。执着于有害的关系意味着我们会失去享受健康关系的机会，而后者才能让我们体会到真正的情感安全。

因此，为了放下某件事情，我们需要确定它是否真的满足了自己的需求。第一步是要弄清楚我们的需求是什么。

马斯洛的需求层次理论在这方面十分有用，但我们需要进一步探索，才能充分了解个人动机。例如，知道需要经历“自我实现”才能充满动力对我们用处不大，我们还要探索在个人层面上的“自我实现”对我们来说意味着什么。

首先，问问自己："我需要什么才会感到满足？"需要爱情和亲情相伴？需要自信？需要自立的感觉？需要常有关爱他人的机会？回答一定要明确具体，因为下一步会以此为基础。

其次，确定我们坚守不放的事情是否真的满足了这些需求。这需要仔细思考和深刻自省。很有可能（也许很多年来）我们误读了需求信号，误以为我们的需求得到了满足，实际上却没有。

一旦能认识到我们坚持的东西并没有满足自己的任何需求，我们就能更容易斩断对它的依恋，就可以将它放下，继续前行。

练习 4

找一个安静的地方，仔细想想你的个人需求。问问自己需要什么才能感到满足。写下所有想到的事情。

你的需求可能涉及你和他人的联系（例如亲

情、友情等），可能包含了安心感和安全感（例如周密的安排、可预见的结果等）。也许你需要有机会去体验冒险、激情和冲动，或者你可能需要在自己的专业领域感受到高效率和有效力，而且能够驾轻就熟地处理问题。

如果你从未做过这个练习，可能会对结果大吃一惊。凭直觉知道自己需要什么才能感到快乐和满足是一回事，而将需求写下来摆到面前完全是另外一回事。

既然你已经写下了需求，那么请根据它们来审视你放不下的每一段有害的关系、每一个令人遗憾的决定，或是每一件你抱怨的事情。逐一审视，问问你自己：“它真的满足了任意一个我前面写下来的需求吗？”

如果答案是“不”，我们就能更容易地认识到抓着它不放是徒劳无功的。

建议用时：30 分钟

人类存在的奥秘不在于只是活下去，而在于找到活下去的理由。

——费奥多尔·米哈伊洛维奇·陀思妥耶夫斯基

方法 5：明确是什么赋予了你人生目标

这个方法与方法 4 一脉相承。在上一节中，我们重点讨论了我们的痛苦回忆和负面情绪源于放不下那些只是看起来能满足我们需求的东西。这一节将探讨我们所坚持的东西是否赋予了我们人生目标。

目标激励着我们，让我们充满信心，鼓励我们采取行动。它会影响我们的行为，帮助我们做出困难的决定。它会帮助我们调节情绪，让我们专注于对自己重要的事情。目标赋予了我们生活的意义，并在很大程度上决定了我们是否感到满足。

当有清晰的目标时，我们是乐观的。我们会认识到生活可以带给我们很多东西，也希望利用机会去享受生活。我们知道自己该做什么，或者至少有信心弄清楚自己可以做什么。

相比之下，当我们不知道是什么赋予了我们目标时，会感到无聊、空虚和焦虑，甚至可能会感到绝望，内心越发觉得自己缺乏个人能动性。这种想法是错误的，会对我们造成伤害。

对目标缺乏认识会让我们更容易紧抓过去不放。如果未来是毫无目标的，我们就会觉得过去对自己来说更加重要。

因此，明确是什么赋予了我们人生目标是放下过去必不可少的一步。一旦我们发现一段令人沮丧的记忆、一个痛苦的事件或一个令人遗憾的决定与赋予我们人生目标的东西无关，它对我们的影响就会大大减弱。这种视角的转变会让我们更容易对过去释怀。

那么，如何明确是什么赋予了我们人生目标呢？

正如你能想到的，自省是一个很有效的方法。我们需要提出一些探究性的问题，帮助自己确定什么是真正有意义的事情。这些问题会逐步让我们看到自己重视生活的哪些方面，可能是社会关系和职业成功，也可能是个人发展和精神境界。

我们将在接下来的练习中探索这些问题。

温馨提示：现在和将来赋予我们人生目标的东西可能会不尽相同。没关系，这是意料之中的。我们在不断发展，有时会重塑自我，以适应新环境，追求新志向。因此，下面的练习值得时不时重新做一遍。

练习 5

到目前为止，你已经知道准备工作该怎么做了。没错，带上笔纸，找一个不受干扰的安静空间。

让我们先从几个常规问题开始。之后，问题会越来越具体深入。把每个问题都写下来，并留出写回答的空间。

问题1：“什么让我开心？”

忘记那些你觉得必须要做或值得关注的事情。忽略那些为了给别人留下好印象或为了维护形象而做的事情。想想什么能让你开心。

问题2：“什么让我感动？”

想想那些吸引你注意并唤起你情绪反应的事情。那才是你所热爱的事情，更有可能与你的价值观相符。

问题3：“我擅长什么？”

无论你擅长的事情是源自天赋还是多年的教育经历或实践经验，只要是你觉得做起来毫不费力，能轻轻松松就做得很好的，把它们都写下来。

问题4：“我最大的恐惧是什么？”

这些恐惧会阻止你去追求那些赋予你人生目标的事情。有可能是对失败的恐惧，也可能是对成功的恐惧，还有可能是对他人评判的恐惧。

问题 5：“如果我得知我将在五年后离世，我会如何度过余下的时光？”

诚然，这是一个可怕的问题，但也是个有用的问题。它鼓励我们去思考什么才是真正重要的事情。我们能支配的时间有限，我们必须把时间投入我们认为有意义的追求和爱好上。

问题 6：“10 年后我会成为怎样的人？”

这个问题需要我们思考自己渴望实现的目标和想要实现它们的原因，考虑我们想要获得的“财产”和想要获得它们的理由，细想我们想要成为怎样的人。简而言之，这个问题鼓励我们思考我们未来的身份以及做事情的动机。

问题 7：“假设在即将离世时回顾我的一生，那么在我的想象中，我是如何度过这一生的？”

毫无疑问，我们的人生暮年和当下会大不相同。这个问题能帮助自己提前反思人生。我们有没有依照自己的价值观和优先级来生活？我们是否做出了自己渴望做出的贡献？我们是否以一种对自己来说意义重大的方式影响了世界？

仔细思考并坦率地回答这些问题，这么做可以让我们抛开生活琐事，专注于对自己而言真正重要的事情。回答这些问题的过程中，困扰我们的记忆和消极的想法会显露出来，我们会明白，它们可能是毫无意义的，是应该被放下的。

建议用时：30 分钟

只要你无法获得当下的力量，你经历的每一次情绪痛苦都会残留下一部分，继续在你的体内存活。

——埃克哈特·托利

方法 6：承认你的情绪痛苦

很多人都会逃避情绪痛苦。为了分散注意力，我们会埋头工作，购买不需要的东西，甚至沉溺于明知是自毁的行为（酗酒、吸毒、自残等）中。简而言之，我们会竭尽全力逃避痛苦。

但是为了放下痛苦，我们不得不迎头而上，心无旁骛地直面它。只有这样，我们才能把痛苦释放出来，在必要的时候悲伤，然后继续我们的生活。

情绪痛苦的滋生源头数不胜数。关系破裂、亲人逝去、常处于社交孤立状态，都会让我们遭受痛苦和悲伤。自卑、失业、被同事苛待也会造成同样的影响。

我们有时会用封闭自己情绪的方式来回应所经历的精神痛苦。我们默默忍受痛苦，把它闷在心里，继续生活。不幸的是，这个方法使我们无法正确应对痛苦，无法管理自己心中随之而来的情绪。我们剥夺了自己表达和释放负面情绪的机会。

这就让“放下”变得几乎不可能。

与其逃避情绪上的痛苦，还不如欣然接受它。我们应该乐于承认自己的感受，把它视为真实合理的并接纳它。这一过程并不是要让自己成为受害者，将痛苦闷在心里，而是要我们承认痛苦，找出其源头并直面它，最终摆脱它。

这就是我们放下、疗愈、原谅、修复自我价值并继续前行的方式。

下面的练习旨在帮助我们完成这个过程。这很简单，但不要急于求成。给自己一点时间，充分体会你放不下的事情给你带来的痛苦。

练习 6

首先，动笔写一篇日记。在日记里写下你的感受。

尽可能写得明确一些。你感到难过、愤怒、受伤还是无能为力？你感到孤独、空虚、沮丧还是不知所措？写下你体会到的每一种情绪。你不需要长篇大论，简单列出要点即可。

其次，把日记放到一边，闭上双眼，找出带来这些感受的事件、情境或源头。是什么让你有这样的感觉？一旦你确定了源头，就睁开双眼，翻开日记，简明扼要地写下这些源头，一两句话就足够了。

最后，继续写下一段日记，就当是在给自己写封短信，解释一下发生了什么以及它带给你的感受。现在你已经完成了大部分日记。读一读你已经写下的东西。

写这封信能给你一个承认痛苦、表达感受的

机会。这会让你的痛苦和感受变得更加真实和明显。反过来，这也会让你更容易看到痛苦是真实存在的，更容易明白你为什么会感到痛苦。

建议用时：15 分钟

在“放下”的过程中，你会失去许多过去的东西，但你会找到自我。

——狄巴克·乔布拉

方法7：寻找重要的教训

我们都有后悔的时候，都犯过错，做过糟糕的选择，说过言不由衷的话，做过明知会损害身心健康的事，错失过良机。后悔是生活中不可避免的一部分。

但这并不意味着我们要抓着令人后悔的事情不放。实际上，对它们耿耿于怀往往表明我们没有从中学到任何东西，没有领悟到它们带来的教训。

不过，还能补救。

曾经犯过的错为我们提供了极好的学习机会。如果我们愿意审视它们，它们会帮助我们找出导致不良结果的行动、表现和决定。

审视让自己后悔的事情，寻找它们给我们的教训，这往往是放下它们的关键。如果能从这些事情中获得一些领悟，以督促我们在将来做出更有效的行动、表现和决定，它们就起到了作用。获得这种领悟能让人感到振奋。

收获教训不会让我们感到气馁和沮丧，而会让我们更加积极乐观、自信且主动。我们不会一直想着“生活糟透了”，而会想象自己可以通过提高认知水平来做出积极的改变。

这需要转变心态。以前，我们总陷于痛苦的记忆、悲观的想法、扫兴的事情和落空的期待，还有各种怨恨和委屈，总觉得无法摆脱它们。我们受它们拖累，不堪重负，无法体会情绪自由带来的快乐与喜悦。

转变心态后，我们会主动寻找可受教的时刻，从不幸、悲伤和忧虑中寻找教训，帮助自己成长。

这种转变并不容易，事实上是非常难的。大多数人都不得不对抗和扭转多年来形成的条件反射，才能实现这种转变。但就像任何新习惯一样，我们可以通过重复的练习来养成。不断训练自己从引起自己负面情绪的事情中寻找启发，这种习惯最终会成为我们的第二天性。

这会让你更容易放下伴随这些事情而来的后悔和负面情绪。

练习 7

想想令你难以释怀的一些事情。也许是一段破裂的关系，一次搞砸了的工作报告，一个让你损失了大量钱财的决定，或是一些你自己很厌恶却停不下来的行为（例如，拖延、试图取悦他人、违背承诺等）。

无论是什么，都写下来。

接下来，写下这个问题："我为什么会对此感到后悔？"坦率地回答。你的后悔和自责源于你做过的某件事吗？如果答案是肯定的，那么是什么事情呢？

提出这个问题的目的是帮助我们把可控和不可控的事情区分开。如果这件事情是不可控的，我们就没有理由自责。

如果这件事情确实是可控的，那么这个问题会鼓励我们承认错误。这是从中汲取教训的关键一步。

接下来，写下这个问题：“我想要实现什么结果？”同样坦率地回答。你过去的行为或决定显然没有达成我们的期望。这个问题会让你关注哪里出了差错。

最后，写下这个问题：“我能从这段经历中学到什么？”这个问题的目的在于帮助我们避免在今后犯同样的错误。如果能控制局面但还是做了令自己后悔的事情，那么我们可以从这次经历中获得有用的领悟，并做出积极的改变。

这个练习鼓励我们去利用令人不舒服的记忆、损失和失望以及令人不快之事，而不是继续被它们拖累。我们将从中汲取经验教训以指导未来的实践，也会变得更具能动性，更容易释怀。

建议用时：15 分钟

欣然接受活得一团糟的自己。

——伊丽莎白·吉尔伯特

方法 8：认识到你理想中的自己不过是幻想而已

我们渴望变得更好，心中都有一个自己想要成为的样子，并努力朝这个目标发展。人类都是这样的。有这样的目标值得敬佩，这对我们的持续发展起着重要作用。

但这是一把双刃剑。我们想要变得更好，但同时也会意识到，当下的自己并不是我们认为应该成为的那个人。在某些方面，当下的自己与理想中的自己存在着差距。

假设我们一直想成为外科医生，我们考上了医学院，拿到了学位，参加了住院医师培训，结果却发现自己晕血。突然间，理想中的自己处在了破碎的边缘，当下的、真实的自己与理想中的自己已经相去甚远。

这会导致毫无意义的自我批评。我们会谴责自己，因为觉得自己没有达到“设定的标准”。我们想到自己落空的期望和因此丢失的机会，就会感到遗憾、痛苦和失望。

如果不去质疑这些情绪，它们就会一发不可收拾，最终占据我们的大脑，让我们对未能成为理想中的自己无法释怀，因为我们认为这是一种失败。这种心态使我们陷入自责和羞愧，抓着“本该如此”的事情不放，而不是接受当下，放弃我们无法掌控的事情，继续前行。

如果我们秉持这种病态的自我惩罚态度，就不可能“放手”了。

我们必须认识到理想中的自己不过是海市蜃楼，它就像传说中的沙漠绿洲，是一种遥不可及的幻想。如果我们坚持这种幻想，就会难以接受真实的自己。

这样一来，我们会放弃缩小理想和现状之间距离的机会，不愿放下痛苦的记忆、破灭的期望，总是对未能成为理想中的样子感到失望。

放弃理想中的自己不仅仅是一个决定，还是一个过程。它需要我们关注和调整当下的心态。下面的练习旨在为这个过程提供帮助。

练习 8

拿起纸笔，写下“我的价值观”这一标题，然后列出每一个你认为重要的个人价值。

你列出来的可能包括忠诚、正直和给人安全感，也可能包括诚实、勇敢和富有同情心。也许你看重自力更生、决断如流和强烈的职业道德。不管是什么，都写下来，尽可能列得全面。

接下来，在你的价值观列表下面，写下“我的兴趣”这一标题。列出所有你感兴趣的事情。

想一想你最喜欢的爱好，例如，烹饪、园艺

或弹吉他。再想一想你感兴趣的事情，例如，阅读历史类书籍，关注特定的社会事件，或者去遥远的国家旅行等。

最后，在你的兴趣列表下面写下“值得我花更多时间的领域”这一标题。写下你目前看重的且需要更多关注的领域。列出你暂时可以搁置的兴趣和爱好。

这个练习鼓励我们关注当下的自己，而不是执着于理想中的自己。我们认识到自己的现状，并努力改善，而不是渴望达到一个无法企及的、理想化的自我意象。在这个过程中，我们会感觉自己可以释怀了，不用再对未能成为理想中的自己而感到遗憾和失望了。

建议用时：20 分钟

骄傲给我们带来的损失超过饥渴和寒冷带来的损失。

——托马斯·杰斐逊

方法9：放下你的骄傲

我们有时会把骄傲误认为是自尊和自信。例如，我们为考进了大学并获得了自己选择的研究领域的学位而感到“骄傲”。我们为自己维持了一段健康的婚姻而“骄傲”。我们为自己经营了一家成功的企业而“骄傲”。

但是骄傲会暴露我们自负的一面。如果不加以控制，它会使我们不受约束，变得傲慢自大。它会变成一种破坏力、一块绊脚石，对我们的人际关系、事业和决策产生负面影响。

如果不加以控制，骄傲也会阻止我们放下那些困扰我们的事情。我们会越来越不愿意承认自己的错误，会坚信自己是完美无缺的；会变得不愿意道歉，会认为别人才是罪魁祸首，应该跟我们道歉；会习惯性地拿自己和别人进行比较，以此来衡量自我价值，并沉迷于跟上他们的步伐。

这些倾向让我们难以放下也不愿意放下不满、评判、个人恩怨，以及其他给我们带来痛苦、怨恨和情绪困扰的源头。我们会执着于这些东西。因为它们让我们感觉更有优越感，我们让自己相信，这种优越感对积极的自我意象至关重要。

需要明确的是，骄傲本身并不是坏事。事实上，它也有益处。它鼓励我们欣赏自己的优点，去完成自我设定的重要的目标。但就像我们想要变得更好的愿望一样，骄傲也是一把双刃剑。它往往会导致以自我为中心和自恋情结。当我们过于骄傲的时候便会非常热衷于呈现一个优越的形象，无论在私下还是公开场合，我们都会对任何挑战自身优越形象的事情耿耿于怀。

骄傲会阻碍我们放下那些导致自己情绪动荡的事情。因此，我们必须甘于放下骄傲，这样它就不会成为我们前行道路上的最大路障。

还需要明确的是，放下骄傲并不意味着放弃自尊，我们只是认识到自己的错误而已。我们会继续欣赏自己的优点和价值观，同时也认识到自己也是凡人，因此可能会做出一些对自己不利的事情，说出一些对自己不利的话或感受到一些对自己不利的情绪。

那么，如何确保不让骄傲主宰我们的生活呢？如何去控制它，使它不妨碍我们放下让自己痛苦的事情呢？

拿起纸笔，开始以下的练习吧。

练习 9

首先，写下“我为自己感到骄傲的事情”这一标题，然后列出所有能让你感到骄傲的事情。包括你已经实现的目标，收获的教训，以及克服的个人困难。

也许是在一次成功的面试后，你得到了一份梦寐以求的工作。也许是你学会了如何烹饪一道难做的菜肴。也许是你的约会进行得非常顺利。把它们记下来。花点时间写下详尽的列表，越全面越好。

其次，写下“我为自己辩解的事情”这一标题。列出最近你发现自己在为自己的行为、举止、决定甚至个人想法辩解的每一个情景。

也许是你和同事发生了争执，而他声称问题是你造成的。也许是一位朋友对你最近的一项投资决定提出了建设性的批评意见。也许是你的邻居购买了一辆新车，而你发现自己在暗自为自己只能开旧车找理由。再说一次，列得越全面越好。

最后，仔细想想第二个列表上的每一项。逐个问自己：“这是否与第一个列表上的事情相矛盾？”例如，你的邻居买了一辆新车，这会影响你得到那份梦寐以求的工作吗？会让你学不会那道难做的菜肴吗？

你会发现，在任何情况下，你的答案几乎肯定是“不会”，甚至是“当然不会”。

这个练习的重要目的是切断让你理所当然感到自信的事情和让你条件反射式地想要保护自尊的事情之间的联系。这样，你会更容易、更自然地承认错误，接受过失，放弃与他人进行毫无意义和用处的比较。

这么做会让你更容易“放下”。

建议用时：30 分钟

羞愧会腐蚀我们坚信自己有能力改变的那一部分。

——布琳·布朗

方法10：承认内疚和羞愧会削弱自己的能力

内疚和羞愧是令人痛苦的有害情绪。它们会提醒我们做错了一些事情，那些事情曾给自己和他人带来糟糕的后果。它们会让我们觉得自己生来就是有缺陷的、卑劣的，是有道德缺失的，会让我们觉得自己不值得别人的爱和陪伴。如果不处理好这两种情绪，它们就会给我们带来巨大的压力和焦虑，让自己陷入无休止的自责状态。

尽管内疚和羞愧令人不快，但就像前文提及的骄傲一样，它们也是有益处的。它们向大脑发出信号，告诉大脑我们的行为举止与我们的价值观不一致。如果我们根据自己的道德和伦理原则去审视它们，会发现自己没有遵从自己的原则。

注意到自己的情绪后，我们便可以利用内疚和羞愧来改变自己的行为。我们可以检查自己的错误行为，明确它为什么会让自己感到内疚和羞愧，并进行自我纠正。我们可以根据自己的价值观来调整自己的行为。

不幸的是，我们很多人达不到这个程度。我们没有花时间充分反思自己的情绪，并查明它们产生的缘由，而是任由内疚和羞愧在脑海中蔓延恶化。我们意识到自己做的一些事情让自己感觉很糟糕，但出于自尊、骄傲和恐惧，我们选择逃避，而不是去化解这种感觉。这会让一直存在于我们内心的批评之声变成谴责之声。

久而久之，这种自我谴责的声音会破坏自我意象，摧毁自尊。它会在我们的大脑中生根发芽。一旦发生这种情况，我们就很难对自己表现出同情和宽恕。我们会不断因错误行为惩罚自己，而不是直面它们所引起的内疚和羞愧，然后选择“放下”。

这种心态最终会束缚我们的能力，让我们无法自信满满、目标明确地采取行动。它影响着我们生活的方方面面。如果不能（或不愿意）原谅自己，我们就会陷于过去，无法前行。

放下内疚和羞愧的第一步是认识到它们对我们的生活带来的负面影响。这做起来比听起来要复杂得多，需要大量的自我剖析才行。下面的练习将指导你完成自我剖析。

练习 10

写下最近做过的一件让你内疚和羞愧的事情。描述当时的情况并说明你的思考过程。是什么促使你做这件事情的？（除非你允许）没有人会读你写的东西，所以请坦率回答。

接下来，写下你的行为让你内疚和羞愧的原因。你的行为是否违背了你一直以来信奉的某种价值观？如果是，请写下这条价值观。如果让你内疚和羞愧的行为不止一项，把它们都写下来。

现在，描述一下你因为这件事而心生内疚和羞愧时伴随而来的感受。全部写下来。例如，你可能会害怕遭到那个被你冤枉的人的谴责；或者你对自己的行为感到极度尴尬；或者你觉得你的行为应该受到谴责，不值得自己和他人的原谅。

最后，逐一关注这些感受，并想一想它们对你未来的行动和决定会有什么影响。例如，害怕遭到被你冤枉过的人的谴责，可能会让你逃避面对他，你的内疚和羞愧会因此被放大；对自己的行为感到极度尴尬，可能会让你不愿与他人交往，你会因此陷入孤立和绝望；觉得自己不值得被原谅，可能会促使你贬低自己的每一个想法，你会因此变得情绪麻木。

正如你可能已经注意到的，此练习的重点并不是放下我们的内疚和羞愧。这个到后面再说，重点只在于关注内疚和羞愧带来的负面影响。这是关键的第一步，非常值得我们花费时间和精力。

通过这一步，我们能够更好地认识到内疚和羞愧是如何影响我们的行动力的，它削弱了我们原谅自己并最终治愈和恢复的能力的。

建议用时：20 分钟

在乎别人的看法，你将永远是他们的囚犯。

——佚名

方法 11：不要在意别人对你的看法

在乎别人对自己的看法是我们的本能。我们的很多快乐源于自己与他人的关系。我们自然而然地会希望他们喜欢、尊重和钦佩我们，会注意自己的行为和决定，以确保它们都能达到这种效果。我们会做一些自认为会得到朋友、同事、亲人甚至泛泛之交的人正面回应的事情，反过来也会避免做那些我们认为会得到负面回应的事情。

这种本能对我们来说有好的一面。它能激励我们保持一定的行为标准，推动自己去帮助别人而不是（有意或无意地）伤害他们。当我们的祖先不得不与掠食者、环境危害和其他威胁做斗争时，这种本能对我们的生存至关重要。如果我们的行为对群体有害，我们可能会受到排斥，会被抛弃等。

但它和骄傲一样，也是一把双刃剑，利弊都有。

我们如今的生存环境已经和祖先们的大不相同。因此，群体认同感不再和生存挂钩。

尽管如此，我们仍在努力争取别人的认可。我们总是在意别人对自己的看法。我们担心遭到批评，因此会规范自己的行为和表现来免遭批评。简而言之，我们仍然担心被群体嫌弃和排除在外。

问题是，这种担心让我们几乎不可能放下那些给我们带来情绪痛苦和忧虑的事情。当执着于获得别人的认可时，我们很少能自由地面对自己的情绪，原谅自己，并继续前行。我们会一边想要放下，一边又渴望得到别人的认可。不安全感会让我们以是否得到别人的认可为标准，苛刻、无情地过度分析自己的想法、决定和行为。我们需要打破这个循环。

放下焦虑，不去在意自己的行为和选择会让朋友、同事和亲人产生怎样的印象。我们不会因为这样做了而突然变成反社会的人。相反，我们会因此拥有充分探究消极思想和负面情绪的自由，表现出对自己的同情，并采取必要的行动来治愈自己，然后继续前行。

练习 11

和前面的练习一样，拿出纸笔。首先，写下“我的价值观”这一标题。在标题下面，写下每一个你认为对你的工作、生活和与人际交往很重要的个人品质。写得尽可能全面。

其次，写下“我的触发器”这一标题。在标题下面，写下其他人做的每一件促使你改变行为的事情。也许是有人批评了你，也许是有人散布了关于你或别人的八卦信息，也许是有人对你大喊大叫，也可能只是某个人在对你感到失望时皱了下眉头。写下你能想到的所有事情。

接下来，写下“最近引发我不安的事情”这一标题。试着回忆最近每一件哪怕只是轻微伤害你自我意象的事情。

现在，想一想你在第三个标题下写的事情，再看看第一个标题下的列表，问问自己："我是否因为违背了自己的价值观而感到不安？"

如果答案是肯定的，那么采取行动避免重复犯错。如果答案是否定的（通常会是否定的），那就要承认，让你自我意象受损的事情对你来说不算什么。

这个练习会让我们逐渐变得不再敏感。只要我们坚持自己的价值观，就可以充满自信，不再为别人对我们的看法而烦恼。

建议用时：20 分钟

在你对别人说“是”之前，先确定你没有对自己说“不”。

——保罗·科埃略

方法 12：不要试图让每个人都快乐

当我们让别人快乐时，自己大多会感到深深的满足。当我们的话语让别人开心起来，嘴角上扬时，自己会感到欣慰。当我们好心为别人做事后，他们因此表达出喜悦时，自己也会感到高兴。事实上，研究表明（Titova Sheldon，2021），让别人快乐是让自己快乐的最好方法。

但当我们先去做让别人快乐的事情而不是我们优先要做的事情时，问题就出现了。我们开始把别人的幸福置于自己的需求之上。

例如，在一周紧张的工作后，我们需要时间来舒缓压力，却同意周末去办公室加班完成一个项目。这会让老板很高兴，但却给自己带来了更多的压力。再如，一个朋友因为某件事情责怪我们，虽然我们是无辜的，然而为了安抚朋友，我们又是道歉又是表示后悔。这会让我们的朋友开心，但我们自己的情感却受到了伤害。

一味地想让别人开心只会让自己痛苦。我们优先考虑他人，却迷失了自己。我们花了太多精力去迎合别人的需求和愿望，就没有精力再去满足自己的需求和愿望。

为了放下怨恨、痛苦、挫败、愤怒、评判、后悔和嫌隙，我们需要花时间和精力来反思它们。我们需要探究自己的感受以及为什么会有这种感受。然后，我们需要努力消除多年来让自己不愿放下它们的情绪上的条件反射。

如果我们一直试图让别人快乐，就无法跳出原先的条件反射。这不仅让我们没有时间和精力进行自我反省，还会让自己陷入更深的情绪漩涡。为了别人的快乐，我们牺牲了自尊和自我意象。

下面的练习将帮助我们不再试图让每个人都快乐。这样，我们会给自己更多自由和自主权，来解决自己的情绪需求。

练习12

拿起你的纸笔。写下“我的优先事项”这一标题。列出每一项你认为重要的任务和职责。

工作方面，想想你每天或每周需要完成的待办事项。考虑一下你要完成的项目，或者你要在某个截止日期前完成的演示汇报。家庭生活方面，想想你需要做完的家务，你对家人的承诺，以及你认为最重要的个人计划。

接下来，写下“我最近做的让别人快乐的事情”这一标题。包括被迫牺牲大量时间和精力才做成的大事，例如，帮朋友搬家，或者应老板要求在周末加班。也包括那些只需要花极少时间和精力的小事，例如，对朋友微笑，或者为钱包落在家里的同事买午餐。你的列表越详尽越好。

现在，审视一下这两个列表。问问自己：“我的第二个列表上有没有什么事情阻碍了我完成第一个列表上的事情？”对朋友微笑应该不会有这样的影响，但在工作截止日期迫在眉睫时帮朋友搬家可能确实是一个阻碍。

这个练习的目的是帮助我们认识到，什么时候我们努力去让别人快乐会对自己不利。一旦能够认识到这一点，我们就能设定合理的界限。这些界限转而会让我们有时间和精力去处理那些对自己有害的想法和让自己受伤的记忆，并最终放下它们。

建议用时：15 分钟

快乐就像耍酷：你越努力，成功的概率就越低。所以别再努力让自己快乐了。

——马克·曼森

方法 13：不要试图让自己快乐

我们会不断追求快乐，有时候甚至是不懈追求，这样做弊大于利。这似乎违反常理，但请听我说完。回忆一下我们还是孩子的时候试图在别人面前耍酷的经历吧。我们想给朋友和同学留下深刻印象，让他们相信自己“很酷”（甚至可能是“太酷了”），愿意和自己一起出去玩。但有趣的事情发生了。我们越想让自己看起来“很酷”，就越觉得自己的行为不自然。我们越想耍酷，就越觉得自己不酷。

快乐的原理与此类似。我们越想让自己快乐，就越感觉不到快乐。有时，我们过于努力，过于拼命，以至于让自己痛苦不堪。

需要明确的是，渴望快乐并没有错。我们都想体验快乐，但试图实现这个渴望的方式往往会产生相反的效果。

其中一个原因是，我们对快乐的执念会让自己过度关注失败造成的影响。当遭遇失败时，我们有时会体验到强烈的负面情绪，而从当时的情况来看，这种情绪是没有必要的。不久前发表在《情感》（*Emotion*）杂志上的一项研究描述了这种倾向。研究人员发现，过分追求快乐的人往往会面对更多的压力，因为这种执念会让他们沉浸在失败带来的消极想法和负面情绪中。

另一个原因和错误的期望相关。我们错误地期望某些事情能让自己快乐。当这些事情并没有带给我们快乐时，自己就会感到气馁和沮丧，甚至可能陷入抑郁。

举个例子，想想那些努力致富的人，他们相信这是获得快乐的途径。他们花了一生的时间积累财富，却发现自己的期望是错误的。这时他们可能会极度沮丧。

事实是，快乐不是我们想要就能实现的。相反，快乐是由我们的行为、决定、人际关系、经历和所处环境产生的。所以我们应该把时间和精力集中在这些方面，而不是集中在努力让自己快乐上。

当不再执着于让自己快乐时，就会有更多的自由去管理和释放我们的负面情绪，而不是逃避它们。

说了这么多，是时候做以下练习了。

练习 13

首先，写下每一件你认为能让你快乐的事情。你列出的可能包括有魅力、富有或出名等。也可能包括有大量闲暇时间、开豪车、住豪宅或者在工作中得到同事的积极关注。就像前面的练习一样，尽可能列得全面。

其次，想想你真正感到快乐的时刻。试着回

忆一下，在什么情形下你产生过这种感觉。是和孩子们一起玩耍，看到他们脸上的喜悦时，还是在期盼已久的假期中得到放松时，还是在家庭聚会后？简要写下这些情形。

现在请注意，你的第一个列表中是不是有你尚未实现的事情，第二个列表中是不是有你曾经经历过的事情？例如，你可能期望通过致富来让自己快乐，但真正让你快乐的是你的孩子在玩耍时高兴的样子。你可能认为驾驶兰博基尼超级跑车会让自己快乐，但实际上让你快乐的是与家人和朋友一起享受晚餐和娱乐消遣。

这个练习可以重塑自己对快乐的看法。它能弱化我们可以让自己快乐的假设，强化快乐是由我们所处环境和经历带来的这一观点。一旦我们接受了这种更合理的新观点，就可以专注于解决（并最终放下）悲伤、痛苦和其他令人疲惫不堪的极为有害的情绪。

建议用时：20 分钟

生活就是不断地做出选择，你所做的每一个选择都在塑造你。

——约翰·麦克斯韦

方法 14：仔细审视你做决定的方式

许多后悔、怨恨和不满都可以追溯到我们所做的决定。我们曾做过让自己未来后悔的选择，这是生活的一部分。

例如，我们也许曾选择一头扎进我们怀疑会对自己有害的关系中。随着时间的推移，也许因为这段关系让我们深受毒害，也许因为对方界限感薄弱，对我们缺乏尊重，也许因为其他一些令人遗憾的情况，我们的怀疑得到了证实。这段关系如我们预见的那样以彻底失败收场，这让我们感到愤怒、怨恨和受伤。

又如，我们曾决定创业，即便市场调查结果表明市场对我们计划提供的产品或服务没有需求。经过几个月（或者更糟，经过几年）的努力，我们最终不得不宣告创业失败。我们自然会为此感到沮丧、悲观、无力，甚至羞愧。

注意在以上两种假设情况下，我们是如何做出决定的。我们选择了陷入一段有害的关系，选择了在没有市场需求的情况下创业。

一方面，从鼓舞人心的角度来看，这意味着我们有能动性。我们有能力做出影响自己生活的计划和决定，一切在我们掌控中。

另一方面，这也凸显出我们做决定的方式会对自己最后得到的结果产生巨大的影响。如果鲁莽地做出选择，不考虑随之而来的风险就一头扎进去，我们肯定会迎来不愉快的结果，情绪上的痛苦也肯定会随之而来。

简而言之，我们经常创造一些情境，而这些情境后来会给自己带来痛苦。为此，我们常常要为未来难以释怀的负面情绪负责。

再回到乐观的角度，我们可以评估自己的决策过程，确定自己是在冲动的状态下，还是在有条不紊的状态下做出选择的。如果是后者，我们可以做出适当的调整，避免给自己带来情绪上的困扰和痛苦。如果是前者，那么我们就需要做出更为彻底的改变。

让我们做一回调查员。在下面的练习中，我们将调查自己是如何做决定的，并确定哪里该做出切实可行的、有建设性的调整。

练习 14

在这个练习中，我们会对自己的决策过程做出一系列的描述，并根据每个描述是否和实际情况吻合来打分。打“1”分意味着完全不吻合，而打“5”分则意味非常吻合。最后，我们会统计总分。

在纸上打分，写下介于“1”和“5”之间的分值。

1. 我每次做决定前都会精心构思。
2. 我会先确定自己想要达到的目标再做决定。
3. 我会考虑每一个可能影响结果的因素再做决定。
4. 我从不对自己的决定产生的结果感到惊讶。
5. 如果对一个决定感到不确定，我会审视自己的决策过程，看看有什么地方不对。
6. 我靠自己的经验和知识而不是直觉来做决定。
7. 我很少仓促做决定。

如果你的总分为30~35，说明你做得很好，已经不太需要调整了。你有一个有效的决策过程，你会仔细定夺，考虑与每个选择相关的潜在风险和回报，并做出相应的选择。

如果你的总分为20~29，那么你可以做出积极有用的调整。例如，如果你很少思考你希望通过某个决定实现什么，这个疏忽就值得注意。如果你经常仓促做决定，这也是一个值得注意的方面。

如果你的总分为 10~19，那么你还有很大的提升空间。你可能需要挖掘一下，为什么自己的决定产生的结果经常在意料之外。你也可能需要思考如何利用自己的经验和知识来做决定，而不是依靠直觉。

通过改进决策过程，我们可以避免一些可能会给自己带来负担的心痛、后悔和其他情绪痛苦。当我们遭遇这些痛苦时可以问问自己，它们是不是自己造成的。这样做可以让我们承认自己可能做了错误的选择，为我们原谅自己并对这些选择释怀铺平道路。

建议用时：15 分钟

> 时间是免费的，但却是无价的。你不能拥有它，但可以使用它。你不能留住它，但可以花掉它。一旦你失去了它，就再也找不回它。
>
> ——哈维·麦凯

方法 15：找出你觉得自己怠惰的原因

人人都在与怠惰做斗争。即使是你认识的最有行动力的人也有怠惰的时候。怠惰并不总是坏事。

事实是，怠惰有时是有益的。它能给我们休息、放松和充电的机会。它可以帮助我们管理注意力资源，聚焦对自己重要的事情。有时，当我们处于怠惰状态时，可以想出聪明的方法来解决顽固的问题（即使只是回答“我如何用最少的精力来解决这件事情？”）。

怠惰并非没有积极的影响。

问题是，我们往往会忘乎所以。我们会在恢复精力后很长一段时间仍然保持怠惰状态。即使在这种状态下我们对现有问题已经提不出创造性解决方案，我们还是会允许自己继续怠惰下去。

导致这种情况的原因有很多。对一些人来说，只是因为他们缺乏自律。对另一些人来说，则是因为他们对任何需要关注的事情不感兴趣（或矛盾纠结）。还有一些人是因为害怕失败，感到沮丧，或者认为他们的努力从长远来看不会有什么效果。

当怠惰对我们不再有用时，如果持续下去，它就会开始损害自尊心。这个过程从我们为怠惰找借口开始。例如，我们会告诉自己，之所以怠惰是因为自己感觉不舒服，或者因为“时机未到”。

但很快，我们内心那个批评的声音便会开始左右自己的想法。它会试图使我们相信怠惰源于性格上的缺点、知识缺乏或能力不足。不久之后，我们会开始质疑自我价值，对自己失去信心，认为自己无法胜任手头的任务。

这种想法上的变化会给我们带来绝望、沮丧甚至更糟糕的感觉。它最终会让我们觉得自己一无是处，不值得别人和自己的同情和原谅。

这种有害的自我评价会让我们无法放下负面情绪和痛苦记忆。事实上，当我们开始认为自己不值得享受情绪自由时，这种自我评价就在加强我们的负面情绪和痛苦记忆了。

出于这些原因，当我们觉得自己怠惰时，弄清楚为什么会有这种感觉是很重要的。如果我们只是想放松一下，恢复精力，那没什么。如果怠惰源于自我谴责和有害的思维模式，那就另当别论了。

练习 15

想想最近发生的一些事情，你知道这些事情需要你去关注，但你却决定什么都不做。也许你需要去杂货店购物，但你却选择不去。也许你的车需要更换机油了，但你却决定待在家里看你最喜欢的情景喜剧。或者你本来答应了和朋友共进早餐，但最后却决定继续睡觉。

写下你这么做的理由。

这需要相当多的自省。最重要的是，你要坦诚地写下理由。对自己坦诚是查明怠惰动机的唯一方法。

以下是人们觉得怠惰的常见理由（以这个列表为参考，然后写下你自己的独特感受）：

- 无法不受干扰
- 不愿意对需要关注的项目 / 问题负责
- 犹豫不决
- 缺乏兴趣
- 觉得不自信
- 害怕达不到别人的期望
- 害怕成功达到别人的期望
- 觉得沮丧
- 觉得悲伤和抑郁
- 觉得悲观和徒劳
- 因为不得不对需要关注的项目 / 问题负责而感到痛苦和怨恨

请注意，其中一些理由仅仅表明你缺乏自律，但其他理由则意味着更深层、更糟糕的东西。它们指向的是有害的情绪，而这些情绪不仅会导致我们怠惰，还会侵蚀我们的自尊心、自信心和能动性。

后一类理由值得我们仔细审视。为什么我们会有这些感觉？这些感觉的根源是什么？我们怎样才能停止这种感觉？

在“方法 2：认清你的情绪状态”中，我们讨论了（积极和消极）情绪是如何让我们产生偏见，并影响我们解决问题的方式的。在这里，我们则是通过探究自己表现出来的无精打采和萎靡不振的背后原因来解决同样的问题。

这个简单的练习可以培养非常有用的洞察力。它可以揭示可能被我们隐藏起来了的消极思维模式。这些思维模式一旦被揭示出来，我们就可以冷静而勇敢地面对并承认它们，最终放下它们，对自己表现出同情之心。

建议用时：20 分钟

智者不为自己没有的东西而伤感，而为自己拥有的东西而喜悦。

——爱比克泰德

方法 16：学会感恩

我们经常会忽视每天发生在自己身上的美好之事，会忽视让自己受益的意外小幸运，会忽视朋友、同事和爱人为自己做的体贴的事情。我们把每天享受的美味食物，可以支配的资源，以及拥有的栖身之所视为理所当然。

其中的原因很简单。回想一下本书第二部分中“大脑为生存而生”那一节。我们讨论过大脑如何以生存为头等大事。这会迫使我们关注那些可能危及自身幸福安康的事情。简而言之，我们一直在寻找潜在的威胁。

如前文所述，这被称为负面偏误，也是我们大脑的思维方式。

正如前文提到的，如今，我们显然不用再像我们的祖先那样需要特别关注生存问题，我们很少再遇到他们所面临的威胁和危险。然而，这种负面偏误是很难消除的，因为它对我们来说已经根深蒂固。

问题是，如果我们把注意力放在可能会出错的事情上，而不是放在赞美生活中的美好之事上，就会陷入恐惧。这种恐惧会强化我们过去所承受的情绪上的痛苦经历，会突显过去未得到满足的需求、遭受的背叛、破灭的期望、痛苦的记忆和个人的恩怨。

这样的话，我们当然不可能放下过去，也不可能享受当下。

幸运的是，我们可以通过感恩来减少自己的负面偏误。通过留心发生在自己身上的每一件积极的事情，我们可以消除对任何可能带来悲伤、忧虑和心痛的事情的天然恐惧。在这样做的过程中，我们会逐渐重组自己的大脑，会更容易放下那些让自己痛苦的事情。

感恩其实很简单，但如果我们从未做过，就很难知道该如何开始，从哪里开始。下面的练习会让我们有一个好的开始。

练习16

我鼓励你写感恩日记。刚开始的阶段，你可以每天回顾一下之前写的感恩日记，以为自己提供灵感。

首先，写下让你感恩的10件事情，大事和小事都写下来。这个过程一旦开始，你可能会想到许多让你感恩的事情，但现在只要关注其中10件事情就够了。

其次，回顾你列出的10件事情。逐个想想如果没有这些事情，你的生活会怎样。例如，你很感恩自己有一份真正喜欢的稳定工作，想象一下，如果你有的是一份自己讨厌的工作，而且前途未卜，那会是什么感觉。

接下来，就列表上的每一件事情，问问自

己："是不是有人帮助过我，我才能享受这些美好的事情？"例如，你现在喜欢的这份工作是朋友推荐的吗？你的家人帮你付过房子的首付吗？是不是哪位朋友教了你弹吉他，然后你爱上了这个乐器？在列出的每一件事情旁写下这些人的名字。

最后一步可能会让你感觉不舒服。但我强烈建议你去做，因为它有很多积极的影响。向你写下名字的那些人表达你的感谢。无须对他们说太多甜言蜜语，简单地说声"谢谢"就可以。例如，你可以告诉你的朋友："我喜欢你给我推荐的工作。谢谢你。"

这个练习能鼓励我们承认美好的事情经常发生在自己身上，也能帮助我们感知这些美好的事情。在练习过程中，我们会逐渐消除对那些可能给自己带来情绪痛苦的事情的恐惧，也会变得不再那么容易陷入痛苦的记忆，而会更愿意放下它们，享受当下。

建议用时：10 分钟

人生的两大选择是：要么接受现状，要么承担起改变现状的责任。

——丹尼斯·威特利

方法 17：承担起处理存留问题的责任

学会感恩是帮助我们放下情绪痛苦的重要方式之一，同样重要的还有承认目前存在的问题。我们不能忽视它们。它们可能是职场中的问题（例如，与同事关系紧张，错过最后期限等），也可能是个人和家庭生活方面的问题（例如，与另一半发生激烈的争吵，屋顶漏水等）。

我们很自然地会把影响到自己的那些不好的事情怪罪到别人头上。例如，我们在工作上错过了最后期限，我们不会觉得这是因为自己没有管理好时间，而会觉得是因为同事的打扰让自己无法安心工作。如果我们与另一半发生争吵，我们会觉得那是对方的错，自己没错。

这种推卸责任的倾向有几个原因。首先，因为这么做能解释为什么会发生这种令人遗憾的事情，这件事情就成为一个闭环。

其次，因为这么做会让我们创造出一种免受罪责的叙事。将责任归咎于他人，我们就不用感到内疚了。

最后，因为这么做很简单。如果我们把自己所纠结的问题归咎于别人，就不用花费时间和精力来审视它是不是因自己而起的。

但是推卸责任的倾向也有不好的一面。我们越是责怪别人，就越会把自己当成受害者。我们越把自己当成受害者，就越会觉得自己没什么能动性。如果我们觉得自己没有能动性，就会感到无力控制自己的命运，这只会让我们更放不下挫败、失望、不满和痛苦记忆。

对抗这种倾向最有效的方法就是承担起处理影响到我们的那些问题的责任。这并不意味着我们要立即为这些问题道歉，而只是意味着自己不再指责别人，并认识到这样做是毫无意义的。我们不再把问题归咎于周围的人，而是致力于采取行动来解决问题。

假设我们在工作上错过了最后期限。有位同事可能确实屡次妨碍了我们的工作，但与其责怪别人，不如采取有意义的行动来解决问题。在这种情况下，我们应及时完成任务，这会比责怪同事更有成效。

这种方法要求我们改变心态。对大多数人来说，这种改变不会自然而然地发生，也不会轻而易举就发生。我们需要面对并克服多年来形成的条件反射，才能逐渐养成这个新习惯。下面的练习虽然简单，但对实现这一目标会有帮助。

练习 17

首先，写下最近或当下让你产生负面情绪的每一件事情。例如，你的同事可能“不小心”拿走了你的午餐，这让你感到生气。你可能收到了一张超速罚单，这让你感到心烦和沮丧。或者可能你的朋友取消了和你共进晚餐的计划，这让你感到孤独。

其次，写下你本能地想要责怪的人的名字。例如，写下吃掉你午餐的同事的名字；写下给你开超速罚单的警察的名字（或者只是写下“警察”）；写下取消晚餐计划的朋友的名字。

再次，针对列表上的每一件事情，问问自己：“责怪这个人能解决问题吗？”答案无疑是“不能”。

最后，写下一个可以解决问题或降低它再次发生的可能性的行动。例如，你可以将午餐存放在其他地方；你可以下决心以后按照限速要求开车；和某位朋友约定见面时，你可以再给自己安排一个“B 计划”。（例如，“如果托尼取消了和我的约会，我就去读那本我一直想读的小说。”）

定期做这个练习可以训练我们的大脑，让我们为那些给自己带来不便的问题负责。这样做也能鼓励我们为自己的情绪痛苦承担责任。我们这么做就不会因为出现问题而责怪自己，更重要的是，我们也不会责怪任何人，而会认可自己的能力，相信自己能接纳、解决并最终放下痛苦，而不是回避它。

建议用时：20分钟

你可以控制的是自己的思想，而不是外部事件。意识到这一点，你就能找到力量。

——马可·奥勒留

方法 18：接受你无法掌控一切的事实

我们想要掌控一切影响我们的事情，这是一种本能。我们想要有掌舵的感觉，通过对所处的环境和周围的人施加影响来掌控自己的生活。但这种能够掌控外部环境的感觉在很大程度上是一种错觉，会让人付出情绪上的代价。

举个例子，回忆一下你上次被堵在路上时的情形。你无法改变当时的情况，所以不得不等待交通恢复畅通。在等待的过程中，因为无力改变自己的处境，你可能会感到挫败和焦虑。

或者回想一下过去的一段关系，你那时的伴侣曾对你不忠。你无法控制对方的行为，只能相信他或她会继续忠于你们的关系。当这种信任被打破时，你就得面对情绪创伤了。

虽然渴望掌控是一种自然本能，但它从根本上削弱了我们放下愤怒、失望、怨恨和后悔的能力。我们会因此执着于负面经历，总是去想为什么会发生这些事情。毕竟，如果真的能控制自己的境遇，那么当事情变得糟糕时，一定是我们有什么地方做错了，但是从本性来说，我们讨厌自我否定的想法。

我们希望生活是可以预测的，但现实是，生活往往是随机的。不管我们的决定和行为如何，糟糕的事情偶尔也会发生在自己身上。如果我们希望摆脱消极思想和情绪负担，就必须接受自己生来就无法掌控一切这个事实。

我们可以控制自己的选择、自己的思想和对待他人的方式，也可以控制自己对人、对事和对其他外部刺激的反应。但我们对所处环境、他人的行为以及对自己产生不利影响的事情的掌控能力是有限的。

如果能够放弃自己的控制欲，接受掌控一切终究只是幻想的事实，那么我们就更能容忍生活的随机性，更加愿意也更能够认识到，我们的许多负面经历都源于自己无法控制的因素。因此，我们就能更容易地管理好从这些经历中感受到的很多情绪痛苦，并最终放下它们。

练习 18

第一步，写下“我无法控制的事情”这一标题。在标题下列出几乎不受你影响的事情。重点关注人和你所处的环境。注意，你的列表可能会很长，但越长越好。

你可以从与人相关的方面开始，下面是一些参考：

- 人们对我的看法
- 人们和我在一起时的行为
- 人们对待我的方式
- 人们做出的决定

- 人们持有的想法

下面是与所处环境相关方面的参考列表：

- 天气
- 经济
- 交通
- 变老
- 过往
- 自然现象（地震、流行病等）

当然，这两个列表都不详尽。重申一下，它们只是供你参考，帮助你开始这个练习。

第二步，写下“我能控制的事情”这一标题。然后在下面列出你能施加影响的每一件事情。这个列表同样可能会很长。在做第三步时，你会发现这个列表也是越长越好。

以下是一些参考，希望可以帮你活跃思维：

- 我如何安排我的时间
- 我把注意力和精力花在哪些方面
- 我的行为
- 我如何对待身边的人

- 我是否心存积怨
- 我所坚持的原则和价值观
- 我在多大程度上对别人表现出同情心
- 我在多大程度上对自己表现出同情心
- 决定成为更好的配偶、朋友、兄弟姐妹、员工等
- 我如何对别人的言行做出反应

第三步，回顾第一个列表上的每一项。一边回顾，一边问问自己："我是否执着于这件事情产生的结果？"如果答案是肯定的，那就调查一下原因。例如，你的执着是否源于自负和骄傲？是否源于错误的预期？是否因为你没有考虑到生活的随机性？

现在，再回顾一下第二个列表上的每一项。请注意，这个列表上的事情都和你的态度、行为、优先事项、目标和信念相关。这些都是你能控制的。

这个练习的第四步也是最后一步，是培养一种心态，让你不再执着于第一个列表上所列事情

的相关结果。温馨提示：这需要时间。改变我们的心态并不容易，因为我们必须打破多年来形成的思维定式。

要对自己有耐心（和同情心），取得一点小进步就赞美一下自己。例如，下一次遇到交通堵塞时，试着让你的情绪不受影响，如果你成功做到了，就赞美一下自己。

这个练习，加上专注于自己可控事情的心态，可以帮助我们放下自己的情绪负担。一旦意识到我们所承受的心理痛苦大多来自不受自己控制的事情，我们就能更自信地放下这些事情，继续前行。

前三步建议用时：15 分钟

第四步建议用时：几周，甚至可能是几个月

通往快乐的最大障碍是怨恨。

——佩玛·丘卓

方法19：停止在人际关系中“记分”

人际关系是我们的快乐源泉。与同事之间的情谊，朋友之间的陪伴和支持，以及我们对家人的爱，都给我们带来了深深的满足感。

但人际关系也可能是情绪痛苦的来源。如果对方表里不一，期望破灭，或积怨未得到解决，我们都会感到被背叛、失望和愤怒。

如果能放下因他人而起的挫败、痛苦和怨恨，我们就能更有效地面对引发这些情绪的事情。不幸的是，我们往往会抓住这些事情不放。这是因为我们有一张“关系记分卡”，记录了我们的同事、朋友和亲人所做的积极和消极的事情。

这张记分卡将一切都记得清清楚楚，包括一些轻微的“违规行为”，例如，粗鲁的评论，令人恼火的短信和令人不快的意见等。每一个让我们讨厌的小过失都会被记在上面。不出所料，我们会因为负面偏误而忽略人们所做的许多积极的事情。所以我们的记分卡最终会有失公平，它并不能准确地反映出我们的人际关系中谁“领先”或谁“落后”。

但真正的问题是，“记分”总是会带来痛苦和怨恨。它会让与同事、朋友，或是与家人之间的关系演变成一场比赛。

而且这场比赛从来没有赢家。

对方不可避免地会觉得，他们做的事情被你视为理所当然，不被你欣赏。而我们最终觉得，自己做着繁重的工作，投入着超出合理份额的时间、精力和情感资本。

在这样的互动中产生的负面情绪不仅会导致关系恶化，而且会让我们难以释怀。我们总会受其困扰，却又紧抓不放。随着这些负面情绪的加剧，我们会感受到越来越多的怨恨和后悔。

今天开始，让我们承诺放弃这些“记分卡”，发誓不再去关注自己生活中的人是否“尽职尽责”。下面的练习将帮助我们开始享受不“记分”的人际关系，从而让我们放下毫无意义的怨恨、恼怒和受伤的感觉。

练习 19

写下一个和你共度重要时光的人的名字，可以是你的另一半、密友或同事。

接下来，列出这个人最近做过或说过的令你不快的事情。例如，你的另一半是不是忘记了洗碗？你的朋友是不是分享了一个让你恼火的观点？你安排了跟同事的两人会议，他是不是迟到了？把这些都写下来，不管它们现在看起来多么微不足道。

现在，列出这个人身上有哪些特质是你欣赏

的。这里有一个简短的列表可以供你参考：

- 积极的态度
- 极具幽默感
- 愿意倾听
- 能慎重做出判断
- 乐于原谅他人
- 主动承担责任
- 忠诚
- 诚实
- 始终如一
- 热情

尽可能列得全面。

最后，回顾一下这个人做过的让你不高兴的事情，再想想他或她的优点，问问自己：“从长远来看，这件事情对我来说有多严重？”根据你的答案，给第一个列表中的每一项打分，分值介于1~10，事态越严重分值越高。

如果我们在心里承认自己欣赏这个人，然后

再来量化自己的不满，就会对这种不满有一个清晰的认识。量化结果会告诉我们，虽然自己的恼怒可能是合理的，但考虑到自己对这个人的喜欢和欣赏，继续恼怒下去是不明智的。

建议用时：15 分钟

我把事情搞砸了，我过度投入了，我总是如此。

——罗伯特·梅特卡夫

方法20：停止不必要的投入

在这个时代，我们一不小心就会过度投入。我们对时间、注意力和其他资源的需求比以往任何时候都要多。许多人发现自己忙于履行自己的职责，以至于几乎没有时间来满足自己的需求，追求自己的利益。

这样太累了。事实上，这将让人感到压力重重、疲惫不堪。

过度投入还会产生另一个容易被忽视的问题，而且这个问题特别棘手。当我们将注意力资源投入到看起来没完没了的“职责”中时，我们就没有精力去探究情绪负担了。

而如果我们不能充分地探究自己的情绪负担，就不能真正解决它们，放下它们。

诚然，每个人都有不得不做的事情。有些与工作有关，有些涉及家庭，还有一些与生活的其他方面有关，例如，做非营利组织的志愿者，到教会做义工，以及经营副业。平心而论，这些事情都是我们无法舍弃的。

但是我们可以避免投入过多精力到那些自认为优先级较低的任务和职责中。我们可以开始对更多的事情说“不”，可以开始安排自己的生活，以便能履行那些优先级高的职责，同时给自己留出足够的时间进行情绪健康管理。

当我们习惯了说“是”时，“不”就很难说出口。但说“不”的好处是我们可以避免自己负担过重。与其把所有的时间和精力都花在帮助别人得到他们想要的生活上，不如把这些资源留给我们自己的优先事项。

如何才能优化我们的日程安排，缩短待办事项列表，停止不必要的投入呢？接下来的练习为你提供了一个简单的计划。

练习 20

让我们来做个时间预算。我们每天只有 24 个小时，知道这些时间是如何被用掉的会很有帮助。

第一步，写下“个人及家庭护理”这一标题。在下面列出以下事项：

- 睡眠
- 洗澡 / 梳妆
- 锻炼
- 用餐和做饭
- 家务
- 家庭时间

第二步，写下理想状态下，你希望每天花在每一项上的时间。例如，你可能每天睡 4 个小时，但理想的状态是睡 7 个小时（这因年龄而异）。你可能每天都没在锻炼上花时间，但你意识到应该去锻炼。这一步做完后，你的列表可能是下面这样的：

- 睡眠—7 个小时
- 洗澡 / 梳妆—45 分钟
- 锻炼—20 分钟
- 用餐和做饭—2 个小时
- 家务—30 分钟
- 家庭时间—90 分钟

这部分总共超过了 12 个小时。这意味着你的时间预算还剩不到 12 个小时。现在，写下“工作”这一标题，用同样的方法列出花在与工作相关事项上的时间。你的列表可能是这样的：

- 通勤—1 个小时
- 工作时间—8 个小时

这部分总共 9 个小时。我们还剩不到 3 个小时。接下来，写下“其他方面”这一标题。下面列出的是诸如做志愿者工作、教会义工，以及通过副业帮助客户之类的事情。如果这类事情你每周只做一两次，那很简单，把你花在这上面的时间除以 7，计算出每天的平均值。下面的列表供你参考：

- 志愿者工作—每周 3 个小时或每天约 30 分钟
- 教会义工—每周 3 个小时或每天约 30 分钟
- 副业—每天 1 个小时

这部分总共 2 个小时。我们还剩 1 个小时。

现在，写下你的兴趣爱好。例如，你喜欢弹吉他吗？你是否经常花时间祷告或冥想？你喜欢阅读自我提升方面的书籍吗？你喜欢看奈飞出品的电影电视吗？

记住，我们的时间预算只剩下 1 个小时了。我们要怎么度过这 1 个小时？

这个练习有两个目的。首先，它让我们知道，在不经意间，我们已经花掉了多少时间。其次，它强调了这样一个事实：在一些事情上过度投入，意味着我们花在生活其他重要方面的时间被挤占了。

当认识到我们的时间和精力是有限的，并且能在纸上把这些限额可视化时，我们对别人说“不”就变得更容易了。我们说“不”的次数越多，就会有越多的时间进行自我分析，就会给自己更多的自由去审视、解决，并最终释放压在我们身上的情绪痛苦。

建议用时：10 分钟

想想每一个曾经以某种方式伤害过你的人，不管伤害有多严重，是不是最近发生的，然后选择放手。宽恕是一种发自内心的行为。

——伟恩·戴尔

方法 21：学会宽恕自己和他人

我们所承受的许多情绪痛苦源于他人的不公平对待。我们会因为不公而感到被伤害、背叛、遗忘或不被尊重。这些感觉都会转化为怨恨，我们会抓着它不放，把它当成自我保护的方式。如果怨恨那个给我们带来痛苦的人，我们在他们身边时会不太容易表现出情绪上的脆弱。

我们所经历的很多情绪痛苦也源于我们对待自己的方式。在批评自己方面，我们是最不留情面的。当我们犯了错，做错了选择，或者没有达到既定标准时，我们会严厉地批评自己，会为自己的失败和不足而自责。这会导致内疚和羞愧，这些情绪无谓地损害了我们的自我意象，它们就像束缚我们自由的枷锁。

解决办法就是采取宽恕的态度。我们必须愿意宽恕别人，也愿意宽恕自己。

当然，这说起来容易做起来难。宽恕别人会让我们更容易被他们伤害。我们不愿意宽恕他们，是因为害怕再次被伤害。

宽恕自己也并不容易。我们不愿意放过自己，因为在内心深处，我们相信自己应该是完美的。我们给自己设定的标准高得离谱，不给自己犯错误的余地。我们将自我宽恕视为软弱，所以克制自己不这么做。但自责并不能让自己变得更强大，它只会打击我们的自尊心，让我们觉得自己百无一用。

当我们对别人采取宽恕的态度时，就能更容易地从过去的伤害中走出来。宽恕别人的确让我们更容易被他们伤害，也并不一定能改变他们对我们的行为，但这么做可以让我们放下自己的痛苦和怨恨。这自有其好处。虽然绝对数量不多，但越来越多的研究表明（Toussaint Worthington，2018），宽恕别人可以减轻我们的压力，提高我们的效率。但最重要的是，这样做可以帮助我们摆脱情绪痛苦。

当我们采取一种自我宽恕的态度时，会更容易放下因为自己的错误、选择和糟糕表现而产生的羞愧和内疚。我们会不再觉得自己一文不值或一无是处。相反，自我同情会让我们认识到自己是凡人，生来都会犯错。我们会承认人无完人，会变得不太纠结于自己的错误，由此产生的负面情绪也会减少。

如前文所述，对大多数人来说，做到宽恕并不容易，我们得付出努力。下面的练习会对此有所帮助。每当我们感到被他人伤害或对自己失望时，做这个练习可以给我们一个反思情绪的机会。它能鼓励我们去权衡这些情绪是利大于弊，还是弊大于利。我们所得到的见解将逐渐帮助自己从心痛、怨恨、羞愧和其他阻碍前进的有害情绪中解脱出来。

练习 21

这个练习由两部分组成。第一部分将侧重于对他人采取宽容的态度，第二部分将侧重于对自己采取宽容的态度。

首先，写下最近激怒或伤害过你的人的名字。接下来，准确地写下这个人做了什么或说了什么引起了你的这种反应。现在，描述一下你感受到的情绪。是悲伤吗？是愤怒吗？是羞愧吗？不管是什么，都写下来。

其次，创建一个列表，描述这些情绪是如何影响你的行为的。下面是一个示例：

- 我无法专注于工作
- 我在这个人身边会觉得不安
- 我不太可能分享自己的观点
- 我对自己的目标心灰意冷
- 我无法与我的亲人共处

接下来，创建一个列表，描述如果你宽恕这个人并继续前行，你会有什么感觉。下面是一些示例：

- 我会感到更平静
- 我会感到没有那么焦虑

- 我感受到的敌意会减少
- 我会更有同理心
- 我会更有同情心

最后，对照着来看这两个列表。权衡一下宽恕别人的好处和怀恨在心、耿耿于怀的坏处。

写下我们的情绪，以及它们是如何影响自己的心态和行为的，可以让我们更容易客观地审视情绪造成的影响。这样，我们就能够更快地认识到，宽恕他人并继续前行远比抓着怨恨、愤怒和羞愧不放更有好处。

现在，把重点转向自我宽恕。我们将采取类似的方法。首先，描述一件最近让你批评自己的事情。接下来，写下你感受到的情绪。是内疚吗？是绝望吗？是尴尬吗？像之前一样，不管是什么，都写下来。

其次，创建一个列表，描述这些情绪是如何影响你的行为的。下面是一些示例：

- 我不太可能去冒险

- 我更倾向于怀疑自己的能力
- 我更倾向于放弃
- 我更倾向于远离他人，孤立自己
- 我不太可能向别人表达自己的需求

接下来，创建一个列表，描述你宽恕自己后的感受。下面是一些示例：

- 我会觉得更加自信
- 我会觉得有更多的自由
- 我会毫无畏惧地采取行动
- 我会减少在无法改变的事情上浪费时间和精力
- 我会享受更健康、更富有同情心的人际关系

最后，权衡一下宽恕自己的好处和继续自责的坏处。我们很快就会发现，宽恕自己是放下绝望、内疚和其他情绪负担的最畅通的途径。

建议用时：30 分钟

像孤独、嫉妒和内疚这样的负面情绪在幸福生活中扮演着重要角色；它们是巨大的闪光信号，表明有些事情需要你去改变。

——格雷琴·鲁宾

额外方法 1：培养自己的“情绪多样性”

你肯定遇到过一些看起来永远都快乐、从来没忧愁的人。他们总是在微笑、大笑，看起来总是心情欢畅。他们始终保持乐观。如果我们在早上还没喝第一杯咖啡时被他们抓着说话，会觉得难以招架。

看着他们永远情绪高昂的样子，我们很难想象他们一直在承受某种情绪上的痛苦。

但事实证明，他们可能并不像看上去那么快乐。心理学家发现（Quoidbach，2014），体验各种情绪，无论是好情绪还是坏情绪，对我们长期的情绪健康更有好处。这被称之为“情绪多样性”（或情绪多元化）。

从某种程度上来说，情绪多样性的运作方式与股票市场类似。把投资基金分散到不同的股票上，能帮助我们承受其中某一只股票下跌的风险，让我们的投资组合不至于损失太大。同理，情绪多样性能帮助我们承受那些可能导致情绪崩溃的事情。它保护的是我们的情绪组合。

假设某个人总是很快乐。如果他或她真的只体验过（诸如快乐、幸福等）正面情绪，那么一次重大的负面事件，例如被解雇或离婚，就可能毁掉他或她长期以来的情绪状态。相比之下，那些经常经历各种情绪，从喜悦、快乐到悲伤、沮丧都体验过的人，更容易承受这样的事件。

情绪多样性有助于我们放下那些令人悲伤的记忆、令人不快的遗憾和令人烦恼的不满。我们经历过的一系列情绪让我们更能适应环境，更能承受那些可能会占据我们头脑空间的消极想法和感受。较之继续为情绪痛苦困扰，我们更愿意坦然地面对痛苦的源头，处理好我们对它的感受，并最终放下这些感受。

下面的练习将强化体验各类情绪的重要性，并帮助我们深入了解是什么触发了我们所体验到的情绪。

额外练习 1

首先，列出你最近体验到的情绪。理想情况下，这个列表应该包括从快乐到悲伤，从愤怒到喜悦的各类情绪。跨度越大越好。

其次，简要描述引发每种情绪的事件。例如，你是否因为同事对你说的话而生气？你是否因为加薪而欣喜若狂？得知一位密友要移居到另一个国家时，你是否感到难过？

接下来，回顾你列表中的情绪分布。它看起来是平衡的，还是不成比例地偏向负面或正面情绪？如果偏向其中一种，那么回顾一下触发它们的事件。有没有某类事件，例如同事对你的贬低性评论，特别容易让你感到情绪脆弱？

这个练习旨在提高我们对所体验的各种情绪的自我觉察。如果发现自己的情绪几乎总是负面的，或几乎总是正面的，我们可以寻找机会来体验不同的情绪。

如果我们经常感到愤怒和怨恨，那么可以做一些让自己感觉良好的事情，例如赞扬别人。如果我们通常是快乐的，那么可以花点时间去面对那些让自己不开心的事情，而不只是回避它们。

建议用时：20 分钟

让愿望和我们的手段匹配比让手段与我们的愿望匹配更容易。

——罗伯特·爱德华·李

额外方法 2：管理好对预期结果的情感投入

我们对自己和他人都有很高的期望。当期望没有达成时，我们会感到失望、挫败，甚至愤怒。我们有预期的结果，并对这个结果投入了情感。当它没有像自己设想的那样实现时，我们就会失去耐心，内心那个批评的声音会谴责所有参与其中的人（哪怕只是在头脑中进行谴责）。

这对自己和其他人来说都是很大的压力。我们的怨恨源自我们错误、糟糕的决定和不当的行为，而这些是不可避免的。这种怨恨会发展到令我们陷于痛苦的地步。我们会一边对预期结果坚持着刻板的标准，一边开始觉得自己和其他人可能达不到这个标准。

这是一个恶性循环。如果它不断重复，我们的消极态度会被强化，我们会被这种态度裹挟，尽管它对自己的情绪健康有害。这种状态如果持续下去，我们会压力越来越大，会变得不再那么客观，甚至可能走向抑郁。我们会沉浸在这种负面情绪中，执着于自己的失望、挫败和评判，无法释怀。

必须打破这个循环。我们需要管理自己的预期，以免被它们控制，并因此心理受损。

这并不容易做到，需要一段时间的练习。但是，如果你愿意投入时间和精力来练习，你会发现，当事情没有按计划进行时，管理好自己的预期会减少你的情绪动荡。事实上，它能让许多情绪痛苦的源头变得无关紧要。最终，你会更容易放下这些情绪痛苦。

额外练习2

写下最近让你感到愤怒、挫败或失望的事件。描述一下引发这些感觉的事件、行为和决定。

例如，你可能会因为朋友比约定的午餐时间晚到而感到失望。或者，你可能会因为另一半忘了倒垃圾而感到沮丧。又或者，同事没有完成他或她的那部分工作，你的工作量却因此增加（结果让你很生气）。

你体会到的负面情绪和你的预期相关，它们实际上源于对某个预期结果（例如，你的朋友准时出现，和你共进午餐）的情感投入。当这个结果没有发生时，你就会有（即使只是私下的）负面的反应。

这个练习的目的就是让我们认清这一事实，并帮助我们把预期结果和对预期结果的情感投入区分开。这样，当预期没有达到时，我们可以提高自己的适应能力。我们可能会感到愤怒、挫败和失望，但不太可能被它们吞噬。通过减少对预期结果的情感投入，当负面情绪出现时，我们就能更容易放下它们。

建议用时：15分钟

了解并质疑你的个人叙事。叙事会转化为选择和行动，而这些决定了你的生活。

——布莱恩特　H. 麦吉尔

额外方法 3：质疑你的个人叙事

我们的大脑会编造故事来解释自己的经历。这些故事应该有助于解释事情发生的原因，以及我们在其中扮演的角色。这是大脑在试图“完成闭环”。它希望在事件和触发条件之间建立起因果关系，所以创造了个人叙事来实现这个目标。

问题是，这些叙事通常都不准确。大脑更关心的是找到因果关系，而不是叙事的准确性。

这些叙事强化了我们的认知偏误。如果我们抱有一种自利偏误（将积极的经历归因于自身行为，而将消极的经历归因于外部因素），我们的个人叙事就会反映出这种偏误。

例如，我们参加考试并取得了好成绩。我们的自利偏误可能会将成绩归因于自己的聪明才智、熟练的应试技巧或为学习付出的努力。因此，大脑会创造一个叙事，说我们很聪明，擅长考试，而且天生勤奋。

如果我们抱有一种自谦偏误（将积极的经历归因于外部因素，而将消极的经历归因于自身行为），大脑的叙事也会反映出这种偏误。例如，我们可能会把取得好成绩归因于考试太简单了，或者教授对教学材料的讲解非常透彻。大脑会创造一个支持这些细节的叙事（例如，我们很幸运能遇到这位教授）。

当不幸的事情发生在我们身上时，大脑通常会创造一些叙事，说自己是罪魁祸首。这会让我们觉得自己性格中的某些因素导致了不幸事件的发生。重要的是，我们要记住，大脑并不关心准确性，它只是想完成闭环。

假设我们参加一场考试，考得很差。大脑会创造一个叙事来解释原因（可能原因不止一个）。这个叙事可能会说，自己很蠢笨，无法集中注意力，或者自己就是不擅长考试。如果我们接受了这个叙事，就有可能错误地认为这些是我们自身特质的一部分。这会让我们走向自我谴责和绝望。

如果我们质疑这个叙事，就会发现它并不准确。我们在考试中表现不佳，可能是因为太累、压力太大或者对教学材料理解有误。质疑这个叙事能暴露出它并不符合实际。一旦我们发现这个叙事是错误的，就不太会盯着自己所谓的缺点不放了。相反，我们会对不幸事件释怀，继续前行。

下面的练习很简单，但不要低估它的作用。

额外练习 3

首先，描述一件令你遗憾的事情。也许是你让一段重要的友谊破裂了，也许是当遭到不公指责的时候，你没有为自己挺身而出，又或者是你后悔没有学习第二语言。不管是什么，都写下来。

其次，描述一下你的大脑为解释这种遗憾而创造的叙事。例如，友谊破裂是因为你是一个糟糕的朋友，你没能为自己挺身而出是因为你懦弱，没有学习第二语言是因为你懒惰。

接下来，简单地问问自己，“这个叙事是真的吗？”

你会发现，问自己这个问题通常会暴露出大脑和内心批评的声音正试图兜售一个错误的说法。例如，也许友谊破裂是因为你的朋友没有回电话，也许你没能为自己挺身而出是因为你的注意力都集中在更紧急的事情上，也许你还没有学习第二语言是因为你更愿意把有限的时间花在陪伴家人方面。

如果我们训练自己去质疑个人叙事，就不会那么容易陷入自责的循环中。我们可以客观地回顾为什么不幸的事情会发生在自己身上，而不是本能地责备和指责自己。这让我们可以放下这件事情以及由它产生的遗憾，继续生活。

建议用时：15分钟

后 记

我们有时会放不下自己的过去。有时怀着喜悦的心情回忆美好时光，重温那些给自己带来真正快乐和幸福的事情。我们有时怀着一种伤感的怀旧之情回忆那些糟糕的时光，再现那些让自己感到悲伤、愤怒或孤独的事情。

记忆影响着我们的生活。它们让我们回到过去，从过去汲取经验教训，并用于当下和未来。

但我们很容易被过去所困。痛苦的记忆，以及它们所唤起的负面情绪，困扰并阻碍着我们前行。如果不去解决，它们就会像湿衣服一样粘在我们身上，使我们沉迷于自己无法改变的事情。我们会一辈子带着遗憾生活，享受不到真正的情绪自由。

我写的这本书可以帮助你克服这种令人压抑又没有必要的痛苦心理过程。我希望它能给你提供所需要的工具，最终让你不再无情地责备和谴责自己，而是对自己表现出同情心、同理心和耐心。我相信这会让你享受更健康的人际关系，拥有更满意的职业，最终过上更有成效、更有意义的生活。

从第一节开始到现在，我们已经走过了漫长的一段路。我们讨论了很多想法和概念，介绍了许多你今天就可以开始使用的策略，让你学会放下一直令你苦苦挣扎的情绪痛苦。

如果你一直在做这些练习，那么你已经走上了享受生活的道路，压力小了，怨恨、后悔和精神痛苦也少了。这些都是你应得的！

如果你还没开始做这些练习，那么我盛情邀请你试一试。它们需要花费时间、注意力和精力，但你会发现它们会帮助你最终放下那些给你带来负担的消极想法和情绪。

最后一点，每当你感到愤怒、沮丧或被生活蹂躏的时候，重温这本书是个很好的选择。你不一定要把整本书再读一遍，只需要简单地浏览一下目录，重新读一读之前读的时候产生共鸣的部分。

在此，我祝愿你得到想要的和应得的所有快乐。享受你的生活吧！

作者的其他作品介绍

- 《如何做出更好的决策》

（*How to Make Better Decisions*）

书里有 14 个行之有效的策略，让你克服优柔寡断，始终做出明智的选择，并在这个过程中创造有意义的生活！

- 《心理韧性手册》

（*The Mental Toughness Handbook*）

这是一份循序渐进地提高心理韧性的权威指南，附带了心理韧性练习！

- 《高效清单工作法》

（*To-Do List Formula*）

终于等到了！揭秘如何创建待办事项清单！

- 《学会说“不”》

（*The Art Of Saying NO*）

你是否受够了别人把你所做的视为理所当然？这本书

能帮助你学习如何设定自我界限，坚持自己的立场，并在这个过程中激发他人对你的尊重！

- 《不拖延的人生》
（*The Procrastination Cure*）
这本书会告诉你如何快速行动和决策，最终克服内心的拖延症！

- 《专注，是人生最好的选择》
（*Fast Focus*）
这本书会介绍一套行之有效的方法，帮助你无视干扰，培养高度专注力，让你的工作效率飙升！

- 《时间力规划》
（*The 30-Day Productivity Plan*）
你是否需要一个每日行动计划来提高工作效率？这本 30 天指南将解决你的时间管理难题！

- 《生产力规划》
（*The 30-Day Productivity Plan - VOLUME II*）
有 30 个坏习惯正在干扰你的时间管理，这本书将帮助你一步一步克服它们！

- 《时间分块法》

  （*The Time Chunking Method*）

  时间分块法是当今最流行的时间管理策略之一，只需简单的 10 步，可以让你的工作效率翻倍提高。

- 《用二八法则让人生开挂》

  （*80/20 Your Life!*）

  这本书能帮你实现、创造并享受更多的成功，教你学会用更少的投入完成更多的工作，并在这个过程中改变你的生活！

- 《小习惯的革命》

  （*Small Habits Revolution*）

  你可以通过改变习惯来改变生活。用这本书里简单有效的策略来养成你想要的新习惯吧！

- 《清晨高效能》

  （*Morning Makeover*）

  想不想拥有一觉醒来兴奋、充满活力和自信的状态。这本书告诉你如何建立高质量的晨间惯例，从而获得指数级的成功！

- 《不完美的乐趣》

  （*The Joy Of Imperfection*）

  这本书能帮助你最终战胜完美主义，平息内心的批评之声，克服你对失败的恐惧！

- 《目标设定法》

  （*The P.R.I.M.E.R. Goal Setting Method*）

  这本书会告诉你 6 个巧妙的目标设定法，让你在生活的每个领域都能取得非凡的成就！

- 《数字脱瘾》

  （*Digital Detox*）

  这本书将告诉你如何放下电子设备，享受更专注、更有意义、更有价值的生活！